青少年研学

——探秘农村老物件

张崇高　主编

新疆生产建设兵团出版社

图书在版编目（CIP）数据

青少年研学：探秘农村老物件 / 张崇高主编. -- 五
家渠 : 新疆生产建设兵团出版社, 2022.8
ISBN 978-7-5574-1911-0

Ⅰ. ①青… Ⅱ. ①张… Ⅲ. ①生活用具—山东—图集
Ⅳ. ①TS976.8-64

中国版本图书馆 CIP 数据核字（2022）第 120783 号

责任编辑:李　婷　　　　责任校对:蒋紫薇　　　　封面设计:秦杰杰

青少年研学 : 探秘农村老物件
QINGSHAONIAN YANXUE : TANMI NONGCUN LAOWUJIAN

出版 / 新疆生产建设兵团出版社
印刷 / 潍坊新天地印务有限公司
版次：2022 年 8 月第 1 版　　　　印次：2022 年 8 月第 1 次印刷
开本：700 毫米 × 1000 毫米　1/16　　印张：24.25　字数：190 千字

新疆生产建设兵团出版社
ISBN 978-7-5574-1911-0　　定价:118.00 元
邮购地址 831300　新疆五家渠市迎宾路 619 号
电话：0994-5677116　　0994-5677185
传真：0994-5677519

编辑委员会

记住乡愁

留住我们的根

郭京山书

留住乡村记忆
守望精神家园

岁在壬寅夏月 泉城刘孟嘉

序 言

冯建中

改革开放以来，随着城市化进程加快，大批农民工进入城镇工作生活，同时伴随推行农村社区化，各地大批村庄进行了拆迁。这就使传统农民的生产、生活方式发生了巨大变化，种地的人已不是传统意义上的农民，而是掌握先进科学知识和技术的新式农民，农业生产呈现规模化、集约化和产业化。不少村庄出现空巢化现象，留守在农村的大都是老人、儿童，青壮年大都外出打工，传统的农业生产工具和农民生活用品等正陆续从视野中消失。农村已不是过去的农村。过去的农村，最多见的是各种各样的农用工具、木质家具、居家生活用品等。时光流逝，现在它们拥有一个共同的名字——农村老物件。这是一个比较笼统的概念，一般指几十年前甚至更遥远年代的农村物件，覆盖面极其广泛，几乎包含了农村所有的生产、生活、娱乐等民俗物品。

近年来，农村老物件所具有的价值正逐渐引起人们的重视。历史文献性价值：从老物件中，人们可以研究历史，发掘其背后的人文故事、寓意和带给世人的启迪。欣赏价值：不同的老物件有不同的美，或是材质，或是造型，或是颜色，或是技艺，五花八门，包罗万象，不胜枚举。艺术价值：每一件不同的老物件，都代表着当时制作者的艺术个性和风格，凝结着制作者的聪明智慧和辛勤劳动。收藏价值：各种老物件都历经沧桑岁月，是农耕文化的组成部分，有一定的收藏价值，这种价值体现在人们对它的关注和喜爱程度,也体现在物件的材质工艺等各个方面。在老物件中重新品味历史韵味,回忆和纪念过往的岁月,培养独特的兴趣爱好,老物件将带给当代人诸多惊喜。

《青少年研学——探秘农村老物件》一书,收集展示农村即将远去的各种老物件照片1000多幅,几乎涵盖农村生产、生活、娱乐、证件资料等日常各个方面,是特定时代风貌的真实历史记录和缩影,反映了特定历史时期生产力发展水平和劳动人民的聪明才智,是农耕文化的重要载体,是记住乡愁的重要内容,是各个年龄段人们倾注情怀的瑰宝。

我国是一个传统农业大国,农耕文化历史悠久、源远流长。习近平总书记指出,农耕文化是我国农业的宝贵财富,是中华文化的重要组成部分,不仅不能丢,而且要不断发扬光大。

本书适合各年龄段读者阅读,尤其适合青少年研学。青少年是祖国的未来。通过图文并茂的展示说明,可以让青少年快捷地走进那段并不遥远的年代,了解农耕文化历史,学习前辈智慧,追寻宝贵的历史印记,记住乡愁,珍惜当下美好的生活,并砥砺前行,传承创新,汲取中华优秀农耕文化中的营养和智慧,为实现中华民族伟大复兴而努力奋斗。

(作者系第十三届全国政协委员、教科卫体委员会副主任,国家体育总局原副局长,国际风筝联合会主席)

目 录

第一章 生产工具

　　生产工具又称劳动工具,是一个社会、一个地区生产力状况的重要标志,有着很强的地域特色。本章主要收录了二十世纪九十年代以前,山东地区比较有代表性的农耕器具、水利工具、田间管理工具、食物加工器具,以及各类工匠用具等。

名称：马车

说明：长 4 米，木制，用马或骡子驾辕拉动的车子，是农村重要的交通运输工具，有时也用做婚车。二十世纪八十年代以后，逐步被拖拉机等现代交通工具取代。

名称：地排车

说明： 长 3.5 米，木制，一种构造简单，相对轻便的运输工具，一般用牛、驴拉动，也可以用人力拉动。

名称：独轮手推车

说明： 总长度 1.8 米左右，一种经济、实用、轻便的交通运输工具，可坐人也可载货，是中国交通运输史上非常重要的发明，二十世纪五六十年代开始将木轮换成胶轮，比木轮手推车省力。推重物时要在两个车把之间挂车襻搭在肩上，以助力和保持平衡。有时候也在车轮前方拴绳，前拉后推。

名称：木轮

说明：是手推车、马车的主要部件，也是制造难点之一，工艺、用料都非常讲究。比如车辋，一般用柏木等不易腐烂开裂的硬木制作，车毂用木纹较乱不易开裂的榆木（俗称榆木疙瘩）制作，等等。为适应温度、湿度变化和内应力释放，制作过程甚至长达三年之久。

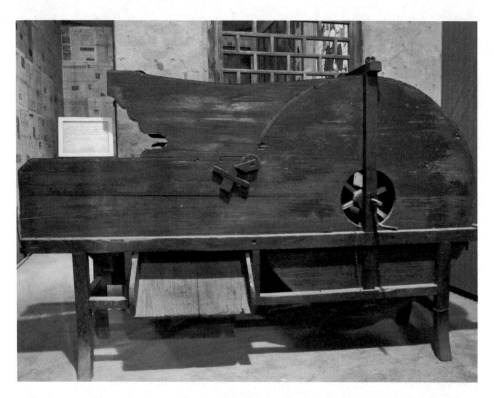

名称：扇车

说明：高 1.3 米,宽 1.9 米,是一种人力驱动的清选谷物的农具,用于清除谷粒中的糠秕、尘末。工作时,人力摇动手柄产生风力,来自漏斗的稻谷通过斗阀穿过风道,饱满结实的谷粒落入出粮口,而糠秕杂物则沿风道随风一起飘出风口。扇车的进气口位于风腔中央,是所有离心式空气压缩机的原型。

名称：耘锄

说明： 长度 1.5 米，有三铧、五铧甚至七铧，一般用牛、驴拉动，一次性完成锄草、松土，配上下料斗还可以施肥，能根据庄稼行距调节宽度。耘锄是二十世纪五十年代兴起并迅速普及的一种农具，它的出现，开辟了"牲口也能锄地"的历史，代替了大批劳动力。

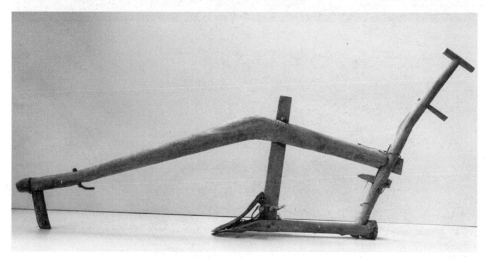

名称：木辕犁

说明：长 2 米左右,用于耕地翻土的农具,历经从直辕犁到曲辕犁,从木犁到铁犁,已有几千年历史,隋唐后基本定型,直到二十世纪七八十年代以后逐步被新型农机取代。

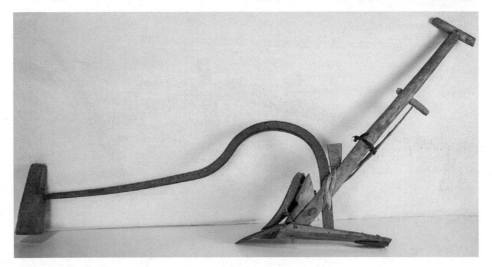

名称：铁辕犁

说明：长 2 米左右，用途同木辕犁，但更坚固、耐用、轻便。

名称：耧

说明：长 3 米左右，是一种历史非常悠久的播种农具，一般用牛拉动，2~3 人合作，能一次性完成开沟、下种、施底肥等工作。

名称：耙齿模具

说明： 木铁结合做成，长 10~15 厘米。将加热好的竹篾在上边折弯并固定，一段时间以后就定型为耙齿。

名称：耙

说明：长 2 米，宽 0.7 米，耙体木制，耙齿是铁制，一般用两头牛拉动。用于犁耕后碾碎土块（俗称土坷垃）、平整土地。

名称：粪耙子

说明：一种常用农具,杆长约 1.6 米,耙头宽 0.4 米,木杆铁头。用于将晾晒好的土杂肥捣碎,俗称"倒粪",也用于平整土地。

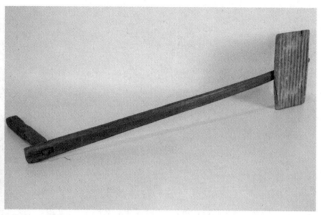

名称：培耙

说明：总长 1.2 米，全木制，用于建造草屋时将屋顶压实平整。

名称：坷垃耙子

说明：长 1.3 米，全木制，用于打碎土块（土坷垃）。

名称：草耙

说明： 一种几乎家家户户都有的农具，手把杆长约 1.5 米，耙头宽0.5
米左右。用于搂草、晾晒粮食或者平整比较细碎的土块等，耙头用竹
篾编成，二十世纪六七十年代开始有了金属耙头。

名称：搂场耙

说明： 长 2.8 米左右，全木制，打谷场上的常用农具。庄稼晾晒后先用石碌碡反复碾压，使小麦、大豆、玉米等粮食作物的粒子与秸秆分离，粮食自然沉底，然后用它抓取上面的秸秆。

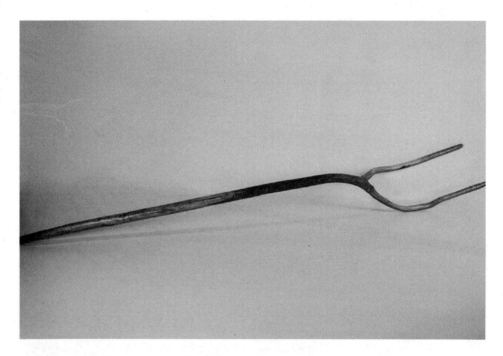

名称：两股叉

说明： 长 1.8 米左右，选取正在生长期的小树通过人工修剪，留下两个对称的枝条，长大后通过加热、去皮、折弯等工艺制成。主要用于挑取麦秆、稻草等比较轻的秸草。

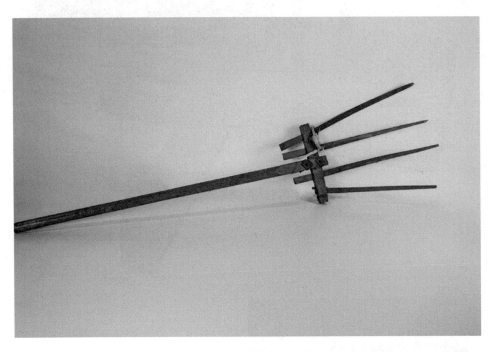

名称：四股叉

说明：长 1.6 米左右，全木制，用于打场时将小麦、大豆、玉米等粮食作物的粒子与秸秆分离，也用于堆草垛和装车等。

名称：草鞋耙子

说明：编制草鞋的工具。

名称：连枷

说明： 总长 1.8 米，全木制，常用的打场脱粒农具。使用时手握长柄上下摇动，使连枷拍子转动，连续敲击晒好的麦穗、豆荚等使其脱粒。

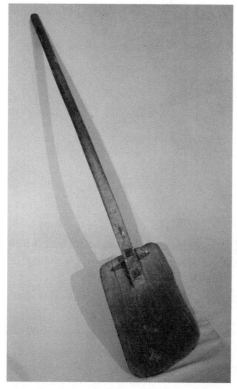

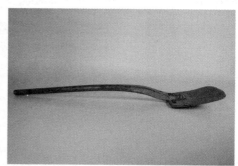

名称：木锨

说明： 长 1.5 米，全木制，场院必备工具，打场时将石碌碡压过的粮草抛向空中，借风力将粮草分离，俗称"扬场"。晒粮时用它堆积或者摊开粮食，冬季也用于铲雪等。

名称：镢头

说明： 是刨土的农具，圆镢主要用于菜园刨土、松土、锄草、菜畦起垄。

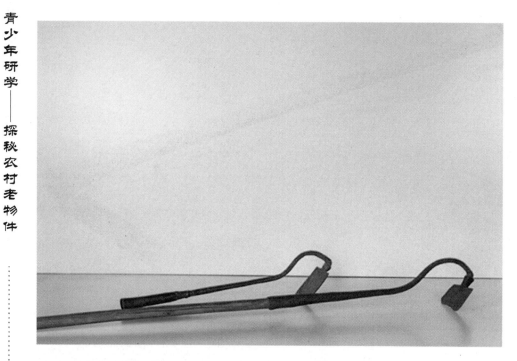

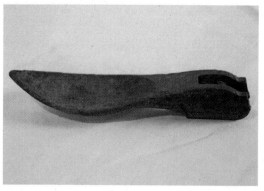

名称：锄

说明： 俗称锄头,总长 1.8 米,用于田间锄草。

名称：镐

说明：也叫十字镐，因初期都是进口，俗称洋镐。一般把长 1.2 米，镐头长 0.4~0.5 米，用于刨挖坚硬的土石等，也可用于劈木柴。

名称：石碓

说明：是用石头做成的捣米器具，用于谷物脱壳。

（一）

（二）

名称：地瓜铡刀

说明：（一）俗称擦铡子，高 62 厘米，宽 22 厘米，手动操作，将地瓜切成片，晒干就成了便于长时间保存的地瓜干。

　　（二）俗称摇铡子，用于地瓜切片，一般是用菜刀把地瓜切开，平面朝下放在刀片和手把中间，拉动一次手把切一片，速度比较慢。

名称：圆盘铡

说明： 也称摇铡,直径 50 厘米,高 70 厘米左右,主要用于切地瓜干,工作时把地瓜放入料斗,摇动摇把,两个刀片轮流动作,比普通铡刀效率高。

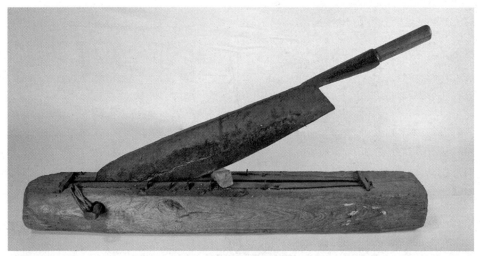

名称：铡刀

说明：总长 1.1 米,木质底槽,钢质刀片,用于切断牲口草料等,工作时,一人持续送料,一人反复提压刀片,将草料切到合适的长度。也用于长秆庄稼脱粒前去除多余部分,比如"铡麦场"。加工中草药也会用到,虽外形一致,但尺寸较小。

名称：压缩喷雾器

说明：用于田间喷洒农药。二十世纪五十年代出现并迅速普及，开始了大面积施用化学农药杀虫、防病的时代。

（一）

名称：高压喷雾器

说明：（一）全塑料结构简易高压喷雾器，二十世纪八十年代开始出现，一般用于果园喷洒药剂，因其造价低廉，迅速普及，但不够耐用。

（二）全铁质高压喷雾器，人力按压，二十世纪八十年代开始使用，一般用于果园喷洒药剂，因其轻便、造价低而得到普及。

（二）

名称：**机动喷雾器**

说明：高度 75 厘米，用于田间喷雾作业，比传统手动喷雾器效率高、雾化效果好。

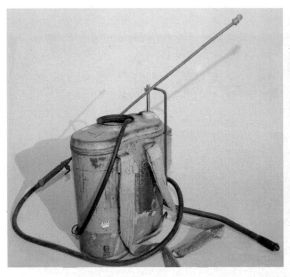 

名称：背负式喷雾器

说明： 二十世纪八十年代开始普及，能够边走边打气，相比传统的压缩喷雾器，它的优点是能连续作业，提高了作业效率。

名称：双人喷雾器

说明： 主体为全铜结构，一般配合铁桶使用。二十世纪五十年代开始普及。工作时两人一前一后抬着装有药剂的铁桶，前边的人负责掌握喷头，后边的人手动推动手柄加压。与压缩式喷雾器同时代产品，其优点是装药量大，连续工作时间长。

名称：喷粉器

说明：钢铁结构，用于喷洒粉剂农药，二十世纪五十年代的田间管理农具。中间开口处为药剂仓，装满后挂在脖子上边走边摇动手柄，利用风力将药粉喷洒在作物表面，达到杀虫灭菌的效果。

名称：碌碡

说明：石器，场院脱粒用的农具，将晒好的麦穗、豆荚等摊平，用它反复碾压脱粒，俗称"打场"，一般用驴或者牛拉动。

名称： 小碌碡

说明： 俗称"打地轱辘"，用于谷物等播种后压实土壤保墒。

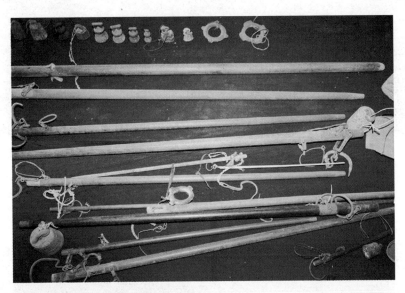

名称：杆秤

说明： 称量器具，多为木杆，上面标有刻度单位，贸易活动必备。杆秤历史悠久，到现在都还在广泛使用，而在古代没有电子秤的情况下，更是人们日常交易活动中不可缺少的器具。

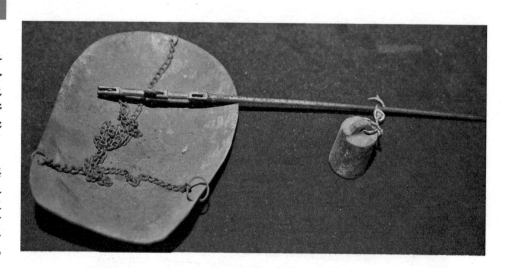

名称：盘子秤

说明：杆长 50 厘米，金属制品，用于物品称重。

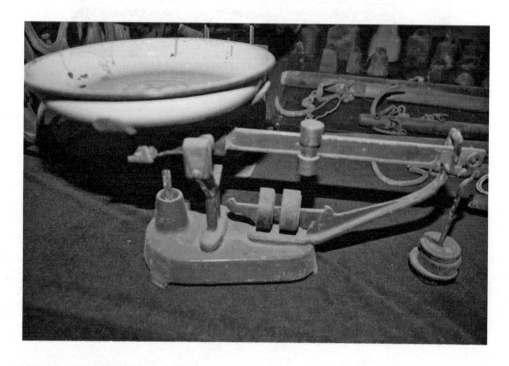

名称：台秤

说明：长 50 厘米，高 30 厘米，金属制品，用于物品称重。

名称：秤砣

说明： 与杆秤配合使用计量重量,有石、铁、铜等多种材质。

名称：结绳机

说明： 木质，部分附件为铁质。绳子是日常生产生活必备品，所以打绳子也是一种常见手艺，一般在空旷地方进行。先把黄麻、苘麻或牛皮等上劲做成坯绳，再用合股架和木质滑子(俗称瓜)合股，做成需要的成品，通常需要2~3人配合完成。

名称：织布机

说明：也叫踏板织布机,由机架、经轴、卷轴、中轴、马头、踏板、分经杆、综片、幅撑和筘等部件组成,利用杠杆原理,用踏板控制综片的升降,使经线分层形成开口,然后用木梭反复穿线,制成布匹。这就是"穿梭"一词的由来。

名称：脚蹬纺线车

说明： 用双脚踩横杆驱动大轮旋转,将棉花、蚕茧等纺成线。

名称：纺线车

说明： 尺寸大小不一,木制,用于纺线。

名称：倒线车

说明：将纺好的棉线等做成线穗子,便于使用。主要部件为木制,用麻绳或者牛皮绳传动,中间有九十度换向机构,手摇驱动轮,带动两根从动轴同时工作,设计简单又非常巧妙。

名称：自纺棉线

说明： 用纺线车纺制的棉线，是织布的原材料。

名称：**轧花机**

说明：俗称轧车，高度 56 厘米，总宽度 110 厘米，是一种古老的轧花工具，通过手摇对辊，从籽棉中分离出皮面的工具。

名称：**弹花搓板**

说明：长 25 厘米，宽 25 厘米，高 20 厘米，底板平整，上方有手把，用于将轧好的皮面搓成条状备用。

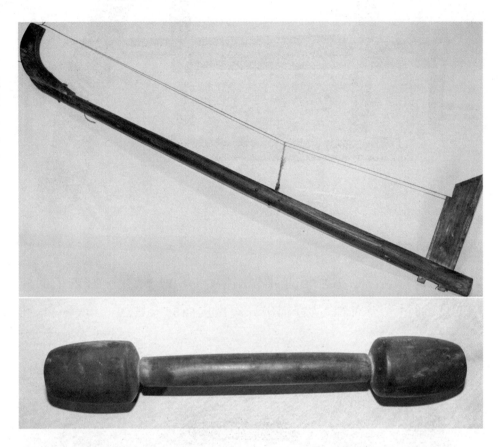

名称：弹花弓、弹花锤

说明：弓长 1.6 米，锤长 0.3 米，棉花加工工具，用弹花锤有节奏地敲击弓弦，使上面的皮棉在弹力作用下变得松软。

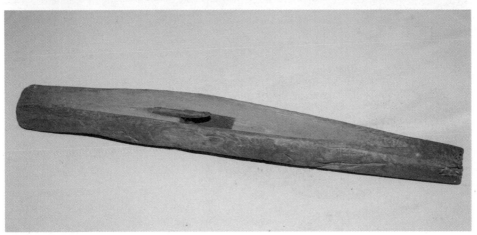

名称：玉米擦子

说明： 手工玉米脱粒用具,将玉米顺着中间槽快速用力往前推,去掉
一行玉米粒,然后再用手剥会很省力。

名称：绳锁头

说明：生产生活常用物品，拴在绳子一头，捆扎时将另一头在上边打结固定，松开时用力一拽即可，方便实用。

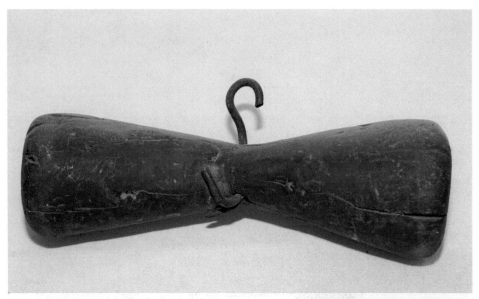

名称：拨槌子

说明： 木头或者牛腿骨制成，用于制作比较细小的单股坯绳，属于家庭必备物品之一。将麻线等拴在吊钩上用手拨动旋转，到合适的松紧度（俗称上劲），

从中间较细的部分开始缠绕，可以做到几十上百米长度。再经过合股后做成细绳，常用于纳鞋底、缝帘子、钉盖顶等。

名称：线坠

说明： 直径 6 厘米，铁制，吊线工具。

名称：丝籰

说明：全木制，长 32 厘米。丝织用具，复摇和络丝过程中卷绕生丝用的框架。

名称：爆米花机

说明：制作爆米花的机械。工作时先打开盖子装进玉米,通过外部加温使内部产生高温高压,然后打开盖子瞬间释放压力,使变软的玉米膨胀,形成爆米花。除玉米外,也可加工其他谷物类。

名称：压水井

说明：一种简易的活塞式抽水设备，二十世纪八十年代在农村广泛
使用。

名称：水车

说明：铁制，农业提水工具，人力或者畜力驱动，二十世纪五十年代开始普及。将架子固定在水井上方，铁皮桶直通水下，通过链条上的阀门（活塞）往上运动，产生空气负压提水。

名称：手摇砂轮

说明：一种使用很广泛的磨具，通过摇把带动齿轮增加转速，提高打磨效率。

名称：手摇织袜机

说明：二十世纪初传入我国，通过摇动手柄，把线织成袜子。

名称：**手摇绞肉机**

说明：一种简易的手动绞肉机。

名称：营养钵模具

说明：制作营养钵的工具，一般用于作物育苗。

名称：锁边机

说明：缝纫工具之一。

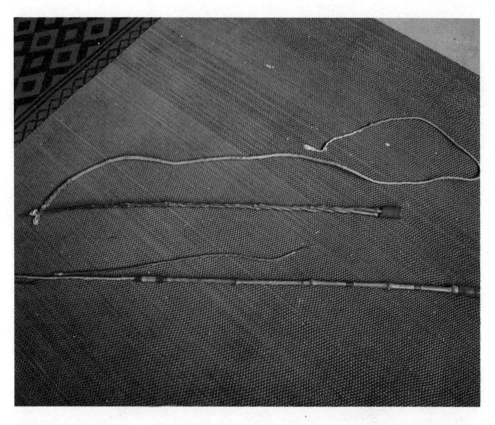

名称：马鞭子

说明：驱赶马、骡等牲畜用具,根据用途不同,有长有短。

名称：鲁班凳

说明：也叫鲁班枕，传说由鲁班发明。用一整块木头，通过锯、刨、钻、磨、凿、扣等十几道工序完成，既可当作枕头使用，又可当坐凳。

名称： 花生剥壳器

说明： 铁木结构,最宽处 60 厘米,木质外壳,底面为铁筋篦子。

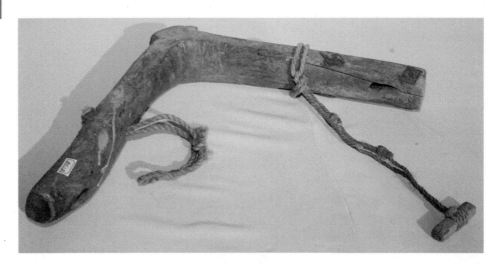

名称：牛锁头

说明： 古称牛轭，套在牛脖子上拉车或拉犁等。

名称：夹套板

说明： 骡、马、驴下地干活拉车时套在它们脖子上的用具。

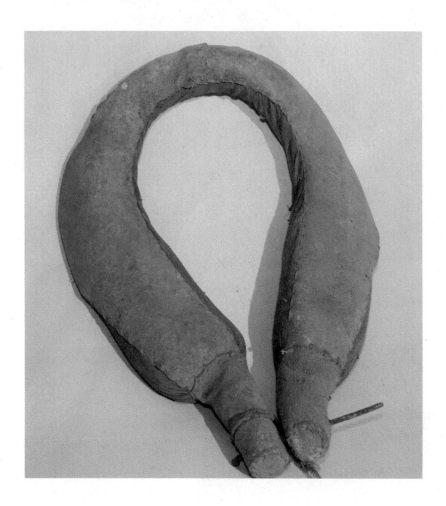

名称：驴搭脖子

说明：用布包裹草制成,外层罩牛皮增加耐磨性。套在驴、马脖子上起保护作用,防止夹套板磨伤牲畜。

名称：垛架子

说明： 总高 75 厘米，木质结构，分为架子和鞍子两部分，鞍子固定在牲畜身上，架子上边捆绑货物后抬到鞍子上固定。

名称：驴鞍子

说明：铁木结构,宽度 32 厘米,放在驴背上便于驾辕拉车用,比马
鞍子略小。

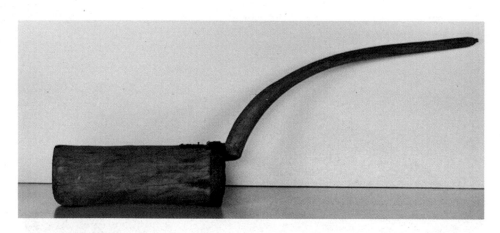

名称：辘轳

说明： 一种历史悠久的打水器具，用轮轴原理工作，长 1.3 米，与水桶配合使用。操作方法为转动滚筒，用滚筒上缠井绳将井里的水桶提至井口。

名称：倒筲

说明： 也叫倒罐，一般跟辘轳配合使用，铁木结构，底尖，落水会自动倾倒满水，取水、倒水都很方便。

名称：木筲

说明：高度60厘米,汲水器具。

名称：大口斗

说明：木质结构,用于计量粮食等。

名称：小口斗

说明：高度 36 厘米，计量粮食的器具。

名称：升

说明：常用体积计量器具，后演变为计量单位。木制，一般用于计量粮食等，一升约等于 2 千克。上方木板为"概"，是用来刮平粮食的刮板。

名称：斗

说明：计量粮食的器具，后引申为计量单位，一斗约为 20 千克。

名称：分格升

说明：计量器具，中间木板可以活动，能方便地计量 0.1~1 升。

名称：圆斗

说明：计量器具，两边有对称的木把，可以放在架子上翻转，减轻人力。

名称：染缸

说明： 木质结构,高度 76 厘米,旧时染坊用来染布的器具。二十世纪七十年代以前,农村尚有染坊,染匠走街串巷收取各家的土棉布,染成需要的颜色再送回,挣取染布钱。

名称：油篓

说明：旧时用于盛放液体及半固体的容器，外壳为竹编或柳条编，内层采用毛头纸、生石灰等多种材料经过多道工序涂抹，盛放油、酒、大酱等，不漏不变味，便于运输和储存。

名称：竹篓

说明： 竹编容器,家居常用器具。

名称：竹筐

说明：竹编容器。

名称：架筐

说明：枝条编制的容器，高 65 厘米，多用于搬运比较重的土、石等，井下提物时不易翻转，相对安全。

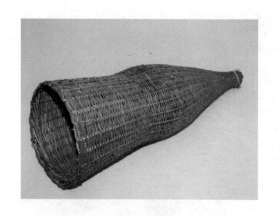

名称：须笼

说明：一种在小河沟里捕鱼的工具，大口，内部中间部分有倒刺，将其固定在水流中间，鱼能进不能出。

名称：鱼护

说明：也称渔护，捕鱼的辅助器具，置于水中将捕获的鱼放里面，使其不至于离水死亡。

名称：鱼篓

说明：捕鱼的辅助器具，常系在腰上，可随手将捕获的鱼放进去。

名称：编耙工具

说明：做竹耙用的一套工具。

名称：草筐

说明：用蜡条或棉槐条编制，农村常用容器。

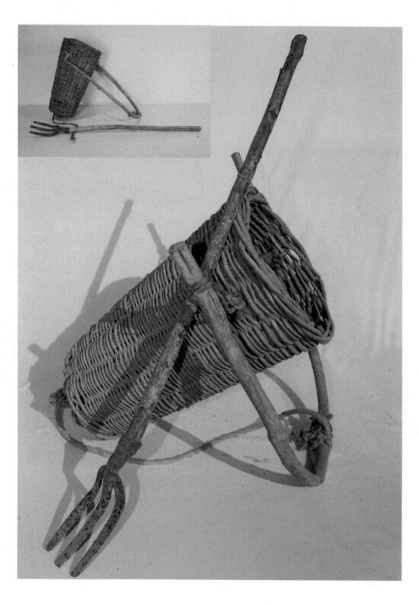

名称：粪篮子、粪叉子

说明：粪篮子，背在身上捡拾动物粪便的工具，用枝条编制，高 65 厘米，直径 30 厘米。粪叉子，为铁木结构，长度 1.1 米。二十世纪七八十年代以前农村常用器具。

名称：花篓

说明： 高 75 厘米，枝条编制，镂空设计减少了用料和自重，常用于盛装搬运一些蓬松的烧火草等。

名称：牛笼嘴

说明：直径 20 厘米，竹编。套在牛、驴等牲畜的嘴上，防止牲畜耕地时偷吃庄稼。

名称：草苫子

说明：高 70 厘米,用整理好的麦秸加稻草编成,盖在草垛或粮囤上面,用于防雨防晒。

名称：**折子**

说明：宽 30 厘米，用芦苇秸秆编制，在粮囤或其他容器上螺旋加高，增大容积。

名称：**粮食印子**

说明：粮食入库后在其表层盖印封库。

名称：抹灰板

说明： 长 25 厘米，宽 12 厘米，钢板木把，泥瓦匠用于墙面抹灰打平。

名称： 砌砖刀

说明： 也叫桃型铲、三角铲，泥瓦匠用于托灰、砌砖、砍砖等。

名称：阴角器

说明：俗称撸子,泥瓦匠用于墙面阴角处理。

名称：阳角器

说明：俗称撸子,泥瓦匠用于墙面阳角处理。

名称：锯齿镰

说明：总长 45 厘米，常用作收割工具。

名称：韭菜刀

说明：长度 42 厘米，铁木结构，收割韭菜专用工具。

名称：镰刀

说明：长 56 厘米，常用作收割工具。

名称：树皮刮刀

说明：长 15 厘米，在果树管理中用于刮树皮。

名称：铲子

说明：长 15 厘米，菜园清除杂草用。

名称：苇刀

说明：篾匠编制器物用的工具。

名称：脊瓦

说明：双面长度 60 厘米, 宽度 20 厘米, 遮盖屋脊用的建筑材料, 泥土烧制而成, 二十世纪七八十年代后逐步被新型建材替代。

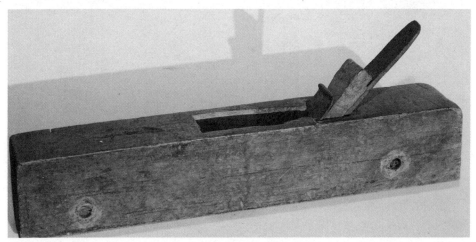

名称：刨子

说明：木工工具，用于刨平木料表面。

名称：线刨子

说明：木工工具，用于木器制作过程中边角成型处理。

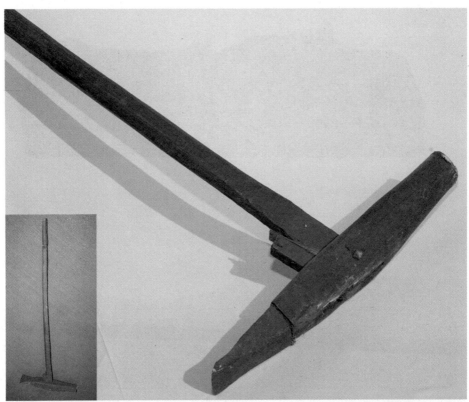

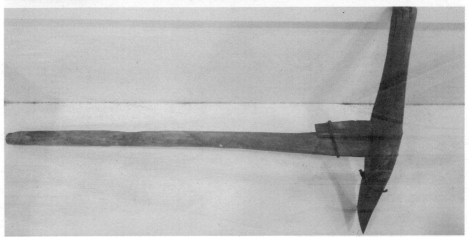

名称：锛

说明：总长 1.3 米，手工平整木材的工具，用于房梁、檩条等粗加工。

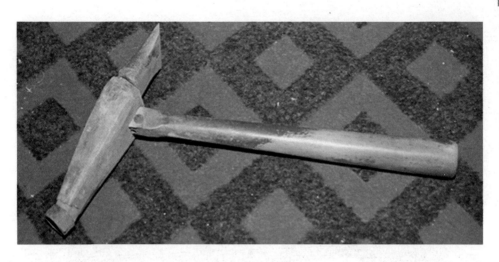

名称：木工锛

说明：也称小手锛，木工工具，用于小件木材的平整。

名称：锉刀

说明：长度26厘米左右，用于对工件表面精细加工，根据加工材料的不同，有钢锉、木锉等。

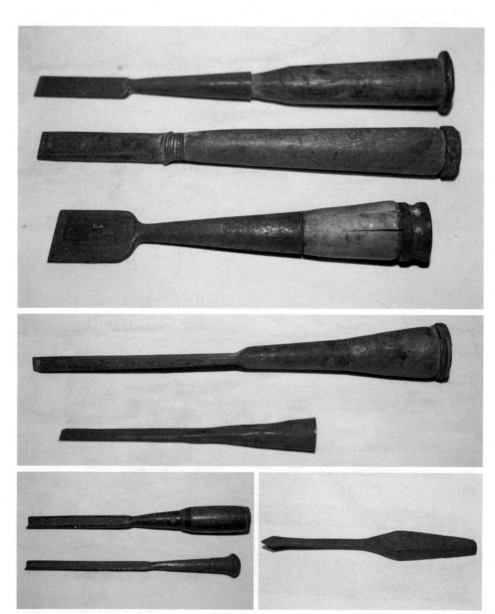

名称：凿子

说明： 木工在木材上打孔用的工具，根据用途不同分为平凿、圆凿等。

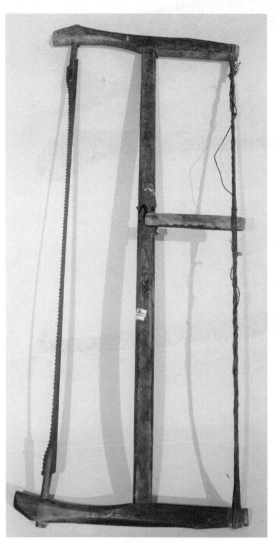

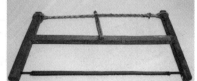

名称：木工锯

说明： 木工工具，用于锯断木材。

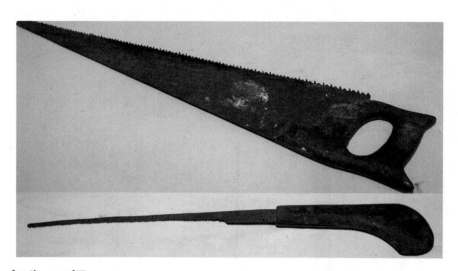

名称：刀锯

说明： 木工工具,用于锯断小型木材及修整树木枝条。

名称： 双人锯

说明： 也叫马锯,用于采伐比较大的树木。

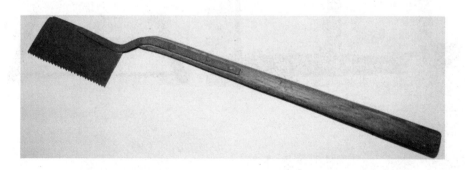

名称： 手锯

说明： 长40厘米,木工工具,用于花卉、苗木、果树、园林树木等的修整。

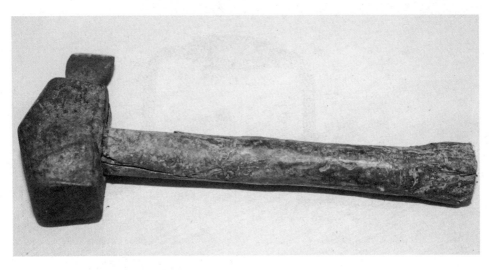

名称： 錾磨锤

说明： 石匠用的工具，用于石磨的修理翻新。

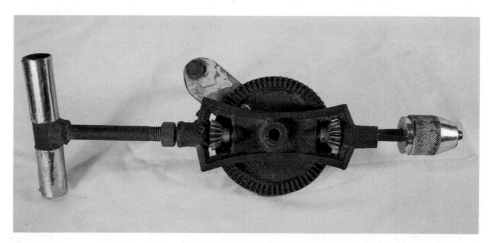

名称：**手摇钻**

说明：手动钻孔的工具。

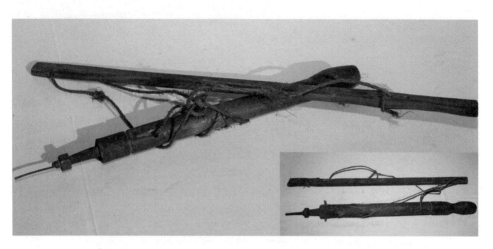

名称：手拉钻

说明：木工钻孔工具。垂直钻杆与水平手杆用绳子连接，拉动手杆带动钻杆转动，完成钻孔。

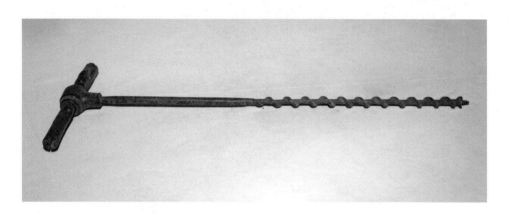

名称：手拧钻

说明：钢铁钻杆，木把手，木工钻孔工具。工作时压住钻杆转动手把，将钻杆旋进木材中完成打孔。

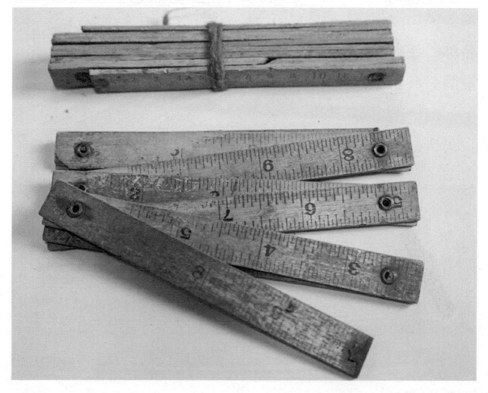

名称：木折尺

说明： 木工常用的量具，二十世纪八十年代以后逐步被钢卷尺代替。

名称：墨斗

说明：木工工具，用于在木材上预先打线。

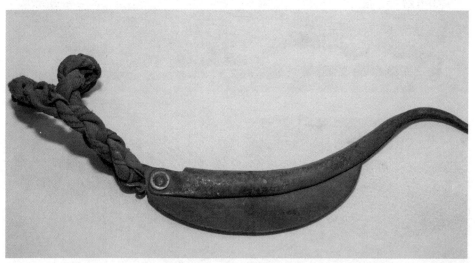

名称：鱼形刀

说明：长 12 厘米，广泛用于削马蹄、木屑等。

名称：铁钟

说明：高 25 厘米，响器，铸铁材质，用钟锤敲击发声，声音清脆，穿透力强，旧时常用作报时、报警、传达指令等。

名称：陶器转盘

说明： 直径 96 厘米，下有支架，做陶器时用它旋转成型。

名称：药碾子

说明：中药房粉碎草药的工具，有石、铁、陶瓷等材质。

名称：药臼子

说明：高 16 厘米，中医用器具。

名称：磨刀戗子

说明：长 35 厘米，钢制工具，主要用于戗刀开刃。

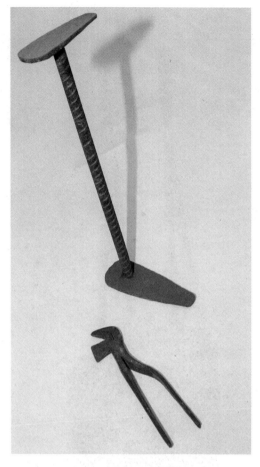

名称：铁拐

说明： 修鞋用的工具。

名称：钳子

说明： 修鞋匠或铁匠用的
工具。

名称：箍漏担

说明： 也做"锢露"，本意是用熔化的金属补漏，泛指一种走街串巷的手艺。箍漏担一头是小型红炉，一头是装着各类工具的箱子。锢露匠一般是多面手，磨剪子戗菜刀、修修补补等都能做，是民间不可缺少的手艺人。

名称：货郎担

说明：走街串巷售卖百货的器具，二十世纪七十年代后逐步被遍布各地的门市部取代。

名称：货郎鼓

说明：货郎招揽生意的摇鼓，为锣鼓双响。

名称：摇鼓

说明：长40厘米，鼓面直径15厘米，二十世纪六七十年代之前，走街串巷的染布匠用来招揽生意的器具。

名称：砧子

说明：铁制,铁匠打铁时垫在铁器底下的器具,质地坚硬耐敲打。

名称：响锤

说明： 铁匠用的工具,因为敲击时会发出清脆的响声而得名。一般是技术好的师傅用,起到引领大锤和最后定型的作用。

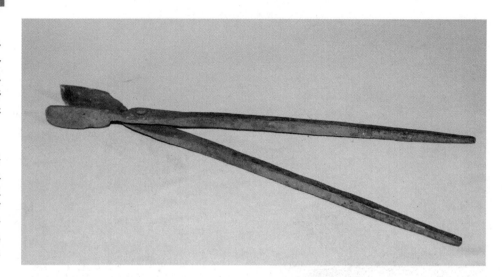

名称：火钳

说明：长度 60 厘米左右，铁匠用来夹取红炉中的高温物件，便于放在砧子上反复打造。

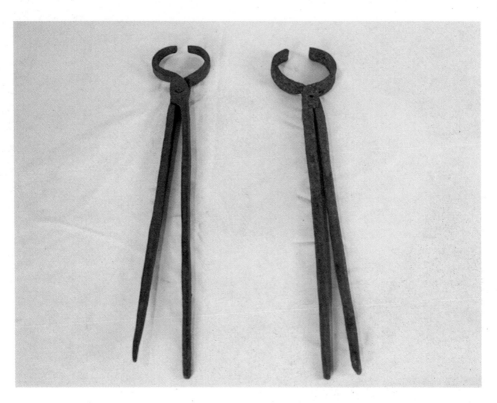

名称：扒胎钳

说明： 长 50 厘米左右，铁制，维修小推车、地排车时拆卸轮胎的专用工具。

名称：淬火池

说明：直径 38 厘米，青石材质，铁匠专用器具，盛水后用于淬火。

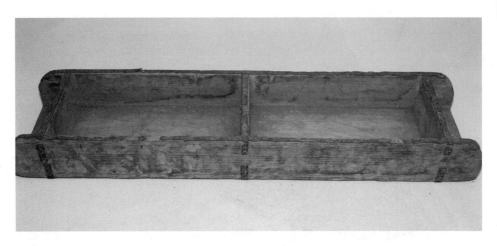

名称：**砖模**

说明：二十世纪五六十年代之前手工制砖的模具。

名称：**土墼**

说明：农村常见的建筑材料，一般将黄土加草用水拌匀，通过模具成型后自然晒干制成，常用于垒墙、支炕等。

名称：糖瓜制作设施

说明： 包括锅灶、大口锅等各种设施，具有家庭作坊式的文化特色。潍坊糖瓜以奎文区北王村制作的最为出名，远销省内外，其非物质文化遗产项目制作技艺传承人为王胜书。

第二章　生活用具

生活用具(用品),顾名思义就是指生活中常用的一些物品的统称,是一个地方百姓生活状况的直接反映,涉及范围很广。本章收录了山东地区二十世纪九十年代以前比较常见的饮食用品、家居用品,等等,包括一些与农村日常生活密切相关的物品、器具等。

名称：石磨

说明： 传统的食物加工器具，由上下两片磨盘和磨台组成，中间有脐定位。用于把米、豆等研磨成粉或者加水研磨成糊状，一般用人力推动，也可用畜力、风力、水力驱动。

名称：石碾

说明： 传统的食物加工器具，由踪台（碾底、碾盘）、碾砣子、碾裹（碾框）、碾管脐等组成，碾裹上有斜孔可插入碾棍，用于谷物破碎、去皮等，可用人力或畜力驱动。

名称：助力车

说明： 二十世纪九十年代初代步工具，在自行车上加装汽油发动机，可以人力和机动并用。

名称：木兰摩托车

说明： 济南轻骑摩托车厂出品的中国第一代轻便踏板摩托车，开创了我国踏板摩托车的先河，风靡一时，销售量巨大。二十世纪九十年代初，山东地区结婚流行"三金一木"，其中"一木"就是木兰摩托车。

轻便型

加重型

名称：自行车

说明：也叫"脚踏车"，人力驱动的小型陆地车辆，由车架、轮胎、脚踏、刹车、链条等部件组成，二十世纪六七十年代逐步普及，轻便型用来代步，加重型除代步外也用来载货。

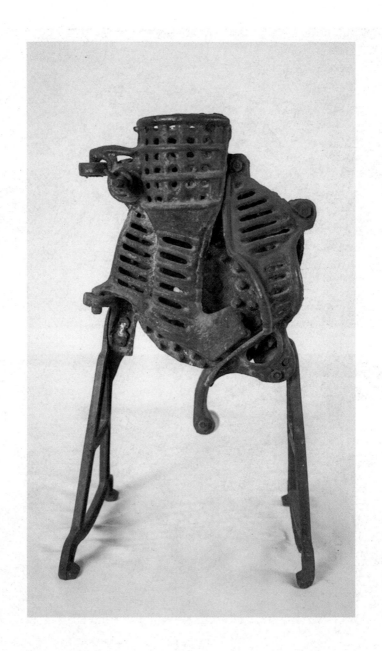

名称：**玉米脱粒器**

说明：高度 48 厘米，铁制，一种手摇进行玉米脱粒的半机械装置。

名称：幼儿座椅

说明： 竹木制，捆绑在自行车后座上使用。

名称：婴儿车

说明：竹制,二十世纪八九十年代应用比较普遍的看护孩子的工具车,以后逐步被更高级的工业量产婴儿车替代。

名称：风箱

说明： 家庭常用鼓风器具，一般配合锅灶使用，用于增氧助燃。由木箱壳、推拉杆、用鸡毛密封的活动板和风道、挡板等部件组成，拉动推拉杆使活动板往复运动，前后挡板轮流启闭，通过风道将压缩空气导出。

名称：手摇风机

说明： 铁质或者木质，手动鼓风器具，其工作原理是手摇大轮带动小轮或齿轮变速等方式增大叶轮转速，达到需要的风压、风量。

名称：**供桌、扶手椅**

说明：成套家具。

名称：官帽椅

说明： 木制，一种传统的坐具，因外形似古代官帽而得名。

名称：炕几

说明： 木制，长度 1.3 米左右，北方常用的家具，一般放置在火炕的尾部。

名称：家具

说明：二十世纪七八十年代以前流行的成套家具，柜子、箱子、手箱子三大件，俗称"一摞到顶"。

名称：箱子

说明： 一种传统的收纳器具，上边有盖子、活页，可以打开。

名称：书箱

说明： 竹制，高度50厘米，用于存放书籍等。

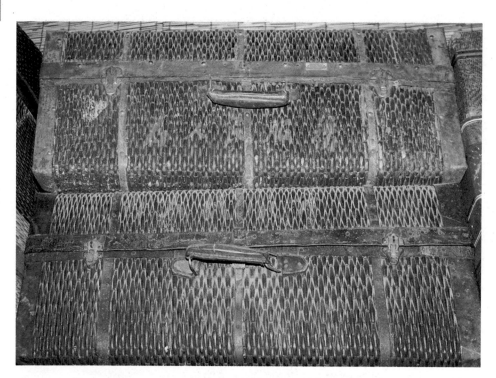

名称：柳条箱

说明：长 110 厘米，高 50 厘米，柳编收纳器具，常用于外出旅行等，二十世纪六七十年代后逐步被现代箱包替代。

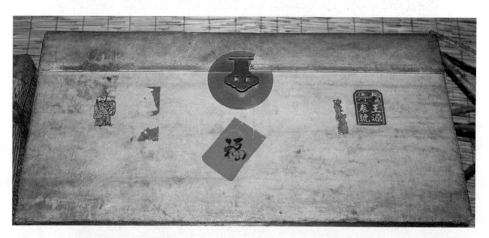

名称：羊皮箱

说明：长 90 厘米，高 50 厘米，里层为木板制作，外层贴羊皮，属于比较高档的居家用器具。

名称：锅灶

说明： 居家必备的重要炊事用具，二十世纪七八十年代以前的锅灶多用土墼垒砌，之后多用红砖、瓷砖垒砌。锅沿周围叫锅台，前面叫锅门脸，锅底洞下边有炉底，炉底下方有通往侧面（多为左侧）的通风孔，跟风箱出风口对接。

名称：炉子

说明： 高度 50 厘米，铁制取暖器具，烧煤或者柴火，用于取暖或做饭等。

名称：煤油炉

说明： 直径 36 厘米，高度 40 厘米，铁皮制作，以煤油做燃料的器具，兴盛于二十世纪七八十年代。

名称：汽化油炉

说明： 总高 40 厘米，家用烹饪加热灶具，以煤油或者柴油为燃料，通过加压和自身预热使燃油雾化，比普通油炉燃烧充分，升温快、热效率高。

140

名称：小火炉

说明：宽 20 厘米，陶制，以木炭或柴火为燃料加热酒或茶等，上端
两层盖子可以取下，以添加燃料和调整加热口大小。

名称：压面机

说明：铁制,总高度40厘米,二十世纪八九十年代家用手动厨房设备,用于压面片或面条。

名称：面罐

说明：也叫荷罐,陶制,一般直径 40~50 厘米,家庭容器,用于盛装粮食等。

名称：箅子

说明：家庭常用炊具,放在锅里蒸饭、馏饭用,一般用竹子、高粱莛秆或者芦苇秆等材料做成。

名称：算梁撑子

说明：家庭常用炊具,木制,放在锅里撑住算子用。

名称：漏盘

说明：常用炊具,直径 20 厘米,扣在锅底蒸饭防止糊锅。

名称：酒壶

说明： 家庭常用酒器，高度 12 厘米左右，有锡、铜、铁、陶、瓷等多种材质，根据容积大小分为二两壶、四两壶等。

名称：酒燎子

说明：以酒为燃料加热酒的器具。

名称：饭桌

说明：吃饭用的桌子。

名称：小板凳

说明：居家用品,坐具。

名称：杌子

说明：高 60 厘米,硬木制作,居家常用坐具,也用于登高,因其四条腿采用"四撑八炸"结构,用起来稳固不易翻倒。

名称：箩、箩架子

说明： 长度分别为 35 厘米、82 厘米左右，用于筛选粉状食物。箩架子放在面桌或者缸、盆等容器上，箩在上面推拉，细的落下，完成筛选过程。

名称：**面食模具**

说明：也叫"面卡子"，用于面食成型的凹模，硬木制作，长度20~50厘米不等，根据庆生、婚嫁、做寿、祭祀等不同用途，采用不同的造型，很有仪式感。

名称：陶盆

说明：也叫和面盆，居家必备常用炊事用具，陶制，根据大小分为大盆、二盆、三盆等多种规格。

名称：缸盆

说明： 瓷器，一般直径 20~60 厘米不等，家用厨房器具，用于和面等，比陶盆更顺滑。

名称：**大食盒**

说明：高度 1.2 米，木制多层，用于储运酒菜、饭食以及点心等，运送的时候另外加装木架和抬杆。

名称：**提盒**

说明：是一种相对考究的便携式容器，一般用于盛装、运送食品或者其他轻便物品等。

名称：食盒

说明：多层木质结构,用于盛放食物酒菜等,便于行走携带。

名称：木篮子

说明：木制容器,高度55厘米,木匠用来盛放工具。

名称：水床子

说明：长度95厘米,宽度30厘米,木制,做豆腐(指大豆腐)专用器具。置于锅上,用包袱包住豆汁在上边反复按压,使豆浆和豆渣分离。

名称：食篮子

说明：竹编容器,用于盛放糕点、蔬菜等。

名称：多层饭盒

说明： 搪瓷制品，高 40 厘米，居家用品，用于盛装饭菜。

名称：饭盒

说明： 铝制品，二十世纪八九十年代普遍使用。

名称：烧肉盒子

说明： 二十世纪七八十年代之前卖烧肉用，一侧有小格可以放钱，盖子反过来之后，突出的部分可当案板用。

名称：饭盆

说明： 陶制品，居家必备容器。

名称：箸笼

说明： 盛放筷子的器具，陶制，高度 30 厘米，一般挂在墙上。

名称：黑碗

说明：传统餐具，二十世纪七十年代之后逐步被淘汰。

名称：茶盘

说明：茶具,搪瓷制品,直径 30~50 厘米左右,有浅边,用来盛放茶壶、茶碗。

名称：白瓷缸盆

说明： 直径 20~50 厘米不等，传统厨房用具，一直沿用至今。

名称：香皂盒

说明： 宽 12 厘米，二十世纪七八十年代洗漱用具，盛放香皂、肥皂等。

名称：粉盒

说明：直径 6 厘米，二十世纪七八十年代梳妆用具，用于盛装扑粉等。

名称：手炉

说明：直径 20~26 厘米左右，铜制或者陶制，取暖用具，因使用时装有炭火，也叫"火笼"。

名称：炖罐子

说明：高 15 厘米，一般架在摊煎饼的鏊子前方，用余火加温，可以烧水等。

名称：燎壶

说明：通常为陶、铝、铁等材质,烧水用。

名称：坛子

说明： 高 22 厘米，旧时家庭常用容器，可以盛装油、酒等液体类物质。

名称：锡壶

说明： 高 16 厘米左右，是一种历史悠久的酒器，二十世纪六七十年代之前家庭常用，其制作过程，是以金属锡经过十多道工序打制而成。

名称：茶壶保温罐

说明：直径 20 厘米，草编或纸质，用于泡茶时保温。

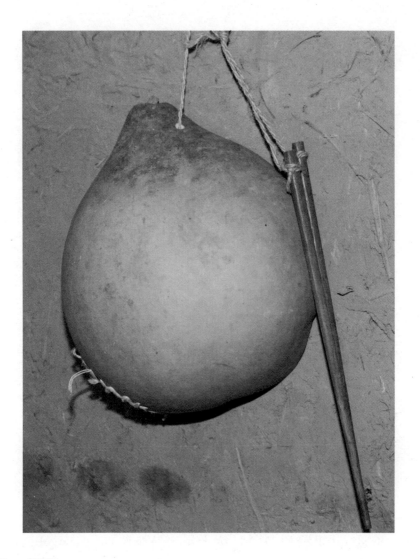

名称：饭瓢

说明： 二十世纪六七十年代出工时普遍使用的餐具，就地取材，成本低廉，便携不易碎。

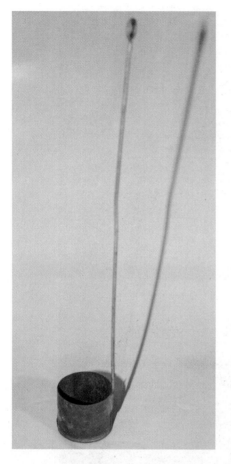

名称：提子

说明：量具，也叫端子，铁制，按大小可分为一两、四两、半斤、一斤等，商用、家用皆可，用来打油、酒、醋等。

名称：漏粉勺子

说明：长 28 厘米，木或铜制，手工生产粉条时使用。

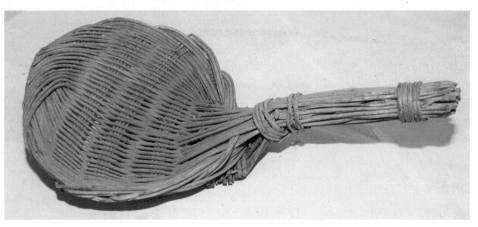

名称：笊篱

说明：一种传统的烹饪器具，用竹篾、柳条、铅丝等编成，用来捞取食物，使被捞的食品与汤、油分离。主要用于捞饺子、面条等，也可用于淘洗粮食等。

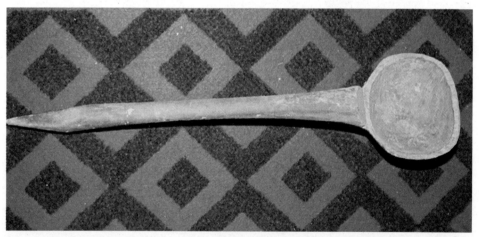

名称：木勺子

说明： 长 50 厘米，厨房炊事用具，由整块木头刻制而成。

名称：勺子

说明：厨房炊事用具，铁或者铜制成，二十世纪八十年代左右也有
铝制。

名称：鏊子

说明： 历史悠久的面食加温制作工具，二十世纪九十年代以前山东农村几乎家家户户必备，一般用砖石支到离地 10 厘米左右高，下边用柴火、秸秆等燃料加热，烙制煎饼、单饼等。

名称：煎饼耙子

说明：木制，一般 20 厘米左右，摊煎饼的必备工具，有刮耙子、转耙子等。

名称：蒜臼子

说明：是捣蒜泥的专用器具，分臼窝和蒜锤。臼窝多为釉陶制品。用的时候，手握蒜锤，用力敲击容器里的蒜瓣，直到成泥或碎末。

名称：背罐

说明：罐子的一种，下方有鼻，可以拴绳背起来，便于单人使用。

名称：坛子

说明： 陶瓷制成的容器，一般用于盛装油、酱等液体、糊状食品，也用于储存运输氨水（一种液体肥料）。

名称：纸罐

说明：二十世纪七八十年代特有的自制容器,用废旧纸张打成纸浆,手工制作而成,用于盛放米面等。

名称：擦床

说明：居家常用厨房用具,铁木结构,长约 26 厘米,用于萝卜、土豆等根茎蔬菜切丝。

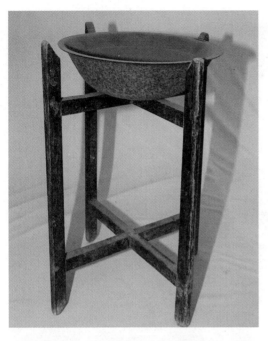

名称：脸盆架

说明： 木制，洗漱用具，用来放置脸盆，后背加高可以同时放置肥皂盒、玻璃镜以及毛巾等。

名称：脸盆

说明：洗漱用具，直径 40 厘米左右，铸铁或搪瓷制成。

名称：驱蛔糖罐

说明： 驱蛔糖也叫宝塔糖,二十世纪七八十年代以前儿童驱蛔虫的药品。

名称：洗衣搓板

说明：木制,刻有花纹,长度 60 厘米左右,洗衣服用。

名称：锤衣棒

说明：洗衣时用于敲打衣物。

名称：鸡毛掸子

说明：用鸡毛固定在杆子上制成,居家清洁用具。鸡毛不沾灰,摩擦时有静电可以吸附灰尘,柔软又不伤器物。

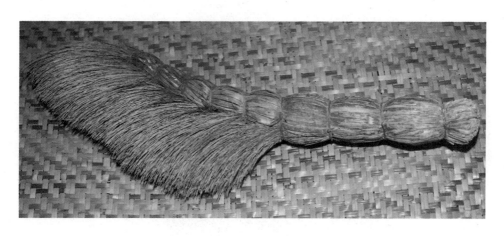

名称：筘帚

说明：长 30 厘米,传统家居用品,用谷子的秸秆做成。用于清扫农村土炕上的尘土等。

名称：笤帚

说明： 除去尘土、垃圾等的用具，用去粒的高粱穗、黍子穗等绑成。

名称：葫芦头

说明： 在成熟的葫芦上方打一个孔,将葫芦瓤倒空,用于盛装种子等,一般吊在梁头或墙上,能有效防止鼠咬。

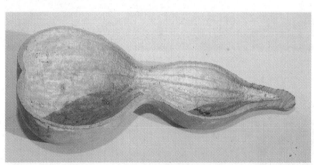

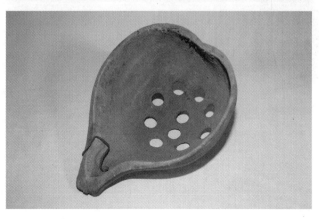

名称：瓢

说明： 一种舀水的容器,底部打孔可以做成漏瓢,用于制粉条等。

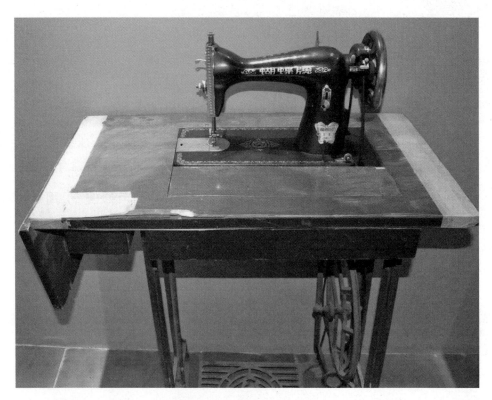

名称：缝纫机

说明：人力缝纫机械,清末传入我国,二十世纪五六十年代开始普及,到八十年代中期产销量达到顶峰。

名称：火熨斗

说明： 高度 18 厘米左右，底盒和手把可以分开，装上木炭加温，用于熨烫衣物等。

名称：棒针

说明：长 30 厘米，手工编织毛线衣物的用具。

名称: 钱包

说明: 长 11 厘米, 装钱用具。

名称：梳妆镜

说明： 二十世纪八九十年代家居用品。有的梳妆镜背面有图画，可作装饰品。

名称：镜子

说明：梳妆用具，正面玻璃镜子，背面用于观赏。

名称：镜框

说明：正面为镜子，背面画可观赏，家庭常用品。

铁壳

铁壳

铁壳

塑料壳

竹编

名称：暖瓶

说明：高度 30 厘米左右，居家必备用具，内胆为真空玻璃，外皮有竹、铁、塑料等多种材质。

名称：提梁壶

说明：高度 25 厘米左右,陶瓷制品,常用茶壶的一种。

名称：水壶

说明：铝或钢等多种材质，盛水的容器。

名称：**汤婆子**

说明：取暖用品，相当于现在的热水袋。

名称：铁水桶、担杖

说明：家居必备挑水或者盛放其他物体的器具，也常用于生产中抗旱灌溉。

名称：水桶

说明：家用器具，一般用于盛水等。

名称：敬书盒子

说明： 亲友之间派人传递书信用的盒子。

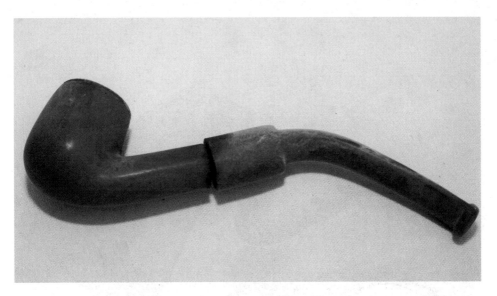

名称：烟袋

说明：也叫烟斗，常用烟具之一，烟袋锅主要用铜、铁制成，烟袋杆多为铜、竹、木等材质，烟袋嘴多用水晶石、琉璃等制成。

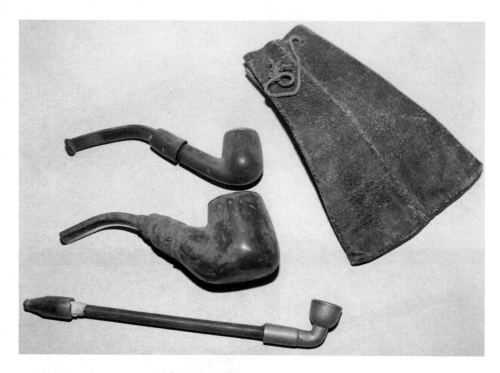

名称：烟具

说明： 通常包括烟袋、烟包子等。

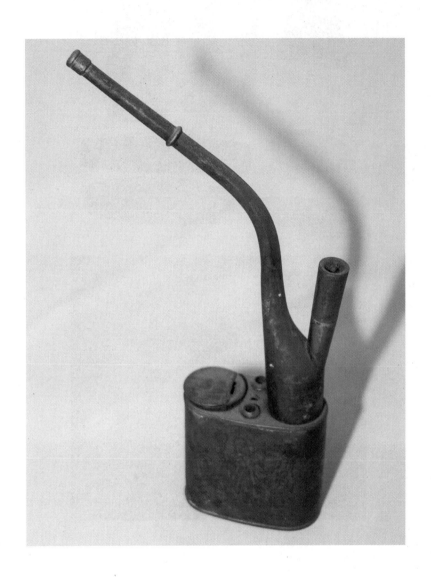

名称：水烟袋

说明： 也叫水烟壶，铜制，出现于明朝晚期，盛行于清朝，比较讲究的人抽水烟用。吸烟时烟从底部水中穿过，起到过滤作用。

名称：击石取火工具

说明：二十世纪六七十年代之前农村常用的击石取火器具，由火石、火镰、火王、火糜子等组成。使用时，先用火镰击擦火石飞出的火星点燃火王，生成暗火，需要明火的时候，再用火王点燃火糜子。

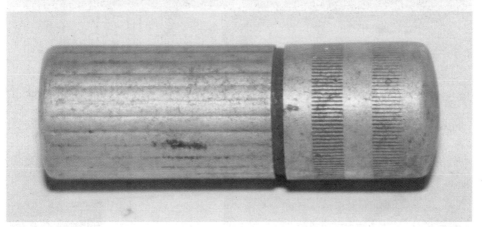

名称：打火机

说明：小型取火装置,用煤油做燃料,砂轮摩擦火石点火,主要用于吸烟、炊事等。

名称：火柴盒外盒

说明：硬木制作，用于盛放火柴，防止被压变形。

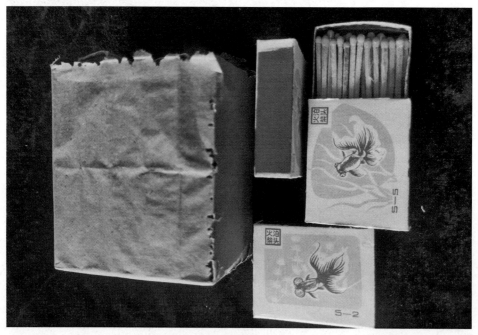

名称：火柴

说明：用细小的木条(火柴杆)蘸上磷或硫等易燃化合物(火柴头)制作而成。在国产化之前都是依赖进口，所以许多地方一直叫"洋火"。

名称：烟盒子

说明：居家常用物件，
盒子里面盛放烟叶、烟
纸、火柴等。

名称：写字石板

说明： 二十世纪七十年代以前学生用的写字板，需要配合石笔使用，可反复使用。后逐步被本子、铅笔取代。

名称：文具盒

说明：也叫铅笔盒，铁制，二十世纪七八十年代学生高档用品，八十年代后逐步有了花色多样的塑料文具盒。

名称：书包

说明：二十世纪六七十年代学生普遍使用，俗称黄书包。

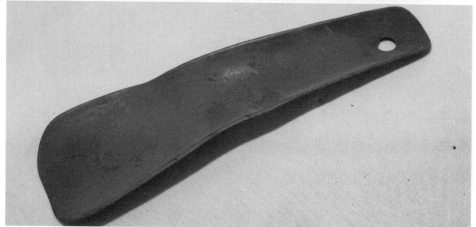

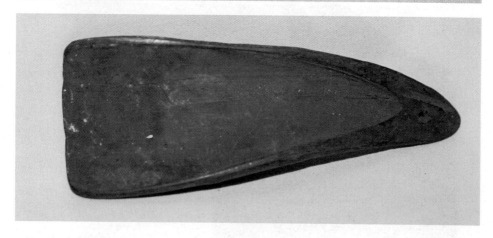

名称：鞋提把

说明：铜、铁、牛角等材料制成,长度 12 厘米左右,用于辅助提鞋。

名称：袜楦

说明：木制，长度 20~26 厘米左右，织造或者缝补袜子的辅助工具。

名称：鞋楦

说明： 长度 20~26 厘米左右，手工做布鞋用的辅助工具。

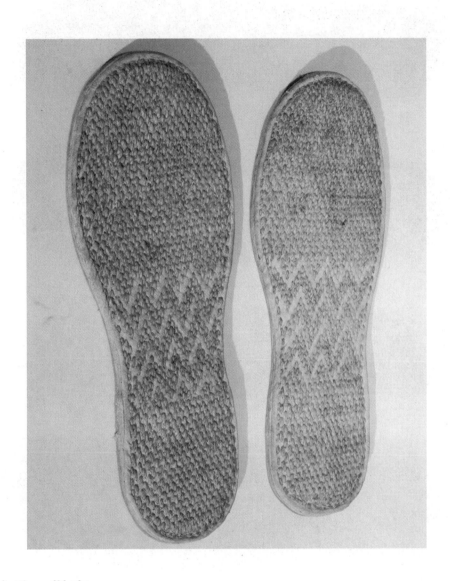

名称：鞋底

说明：也叫千层底，鞋子的着地部分。用糨糊将多层布料粘在一起，晾干后用麻绳钉起来，俗称"纳鞋底"。

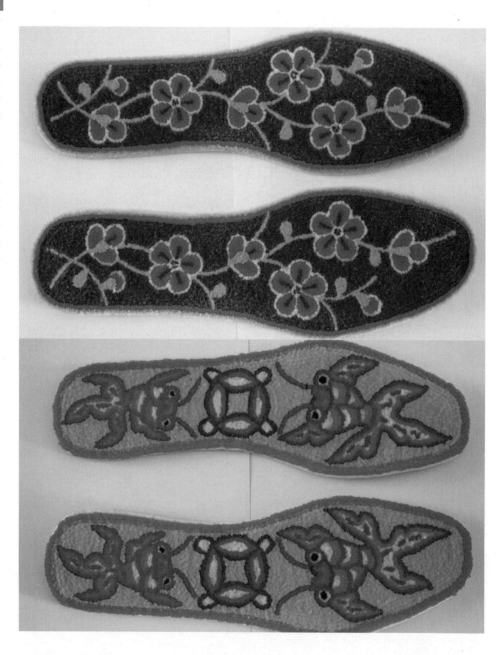

名称：鞋垫

说明： 传统工艺品，两面合起来手工缝制，然后从中间切开，制成左右对称的一双，俗称"割鞋垫子"。

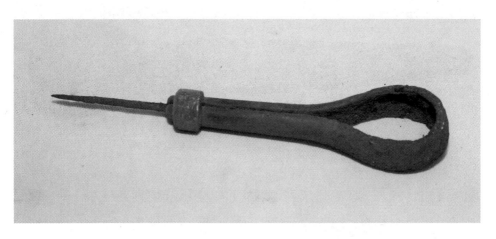

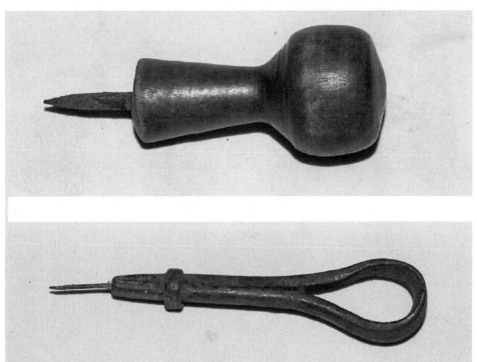

名称：针锥

说明：铁制或木铁混合制，用于做鞋底或鞋垫时扎眼，以便缝针穿过。

名称：**压线板**

说明：长 13 厘米，木制或铁制，手工做鞋压线使用。

名称：**线轳辘**

说明：长 6 厘米，直径 3 厘米左右，木制，缠线时使用。

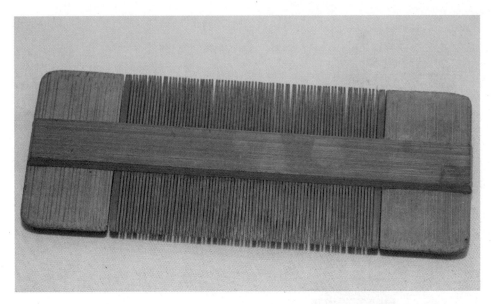

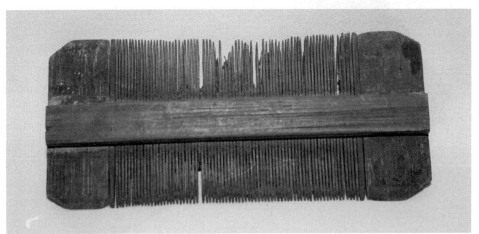

名称：篦子

说明：长 12 厘米，宽 6 厘米，竹制，用于梳理头发。

名称：按摩轮

尺寸：长 13 厘米，宽 6 厘米，木制，在家中按摩时使用。

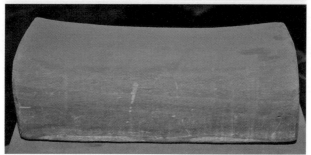

名称：木枕头

说明：尺寸不一，木制，一般纳凉休息时使用。

名称：礼帽

说明：男士用。

名称：**帽盒**

说明：放帽子的容器。

名称：铁锁

说明： 长 13 厘米，铁制，主人外出时锁门使用。

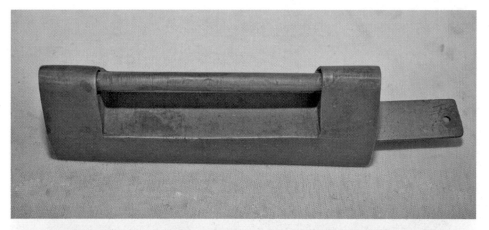

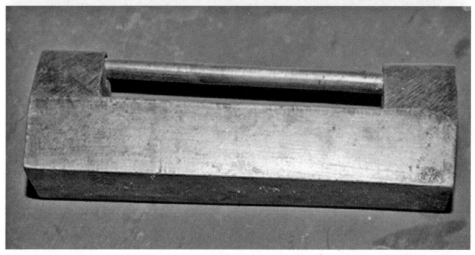

名称：长锁

说明：长 15 厘米,宽 4 厘米,高 2 厘米,铜制,作用同"铁锁"。

名称：扁筐

说明： 长 50 厘米，宽 40 厘米，高 35 厘米，竹编，作容器使用。

名称：斗篼子

说明：居家常用的柳编容器，其大小是按照容积计算的，以斗、升为单位，斗篼子是比较大的一种，容积大小为一斗。

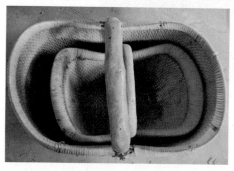

名称：升笼子

说明：居家常用的容器，大小不一，常用的有一升、二升、四升、八升等。

名称：条筐

说明：大小尺寸不一，柳条编制，作容器时使用。

名称：竹筐

说明：大小尺寸不一，竹或木编，作容器使用。

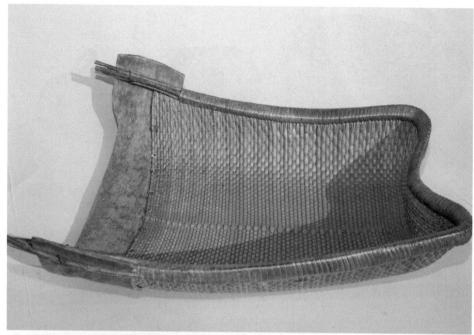

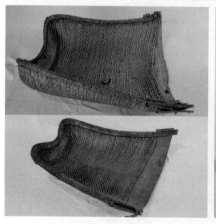

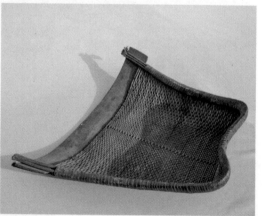

名称：簸箕

说明：长 60 厘米，宽 80 厘米，柳编，打场时作扬米去糠使用。

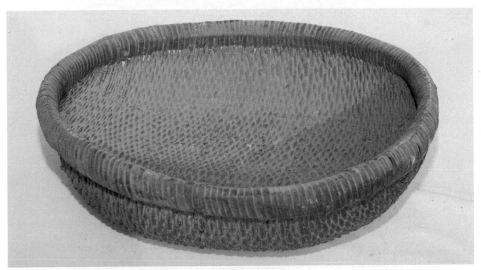

名称：筐箩

说明： 大小尺寸不一，用柳条或竹条编制，作容器使用。

名称：纸笪箩

说明：长 40 厘米，宽 30 厘米，高 18 厘米，纸制，作小容器使用。

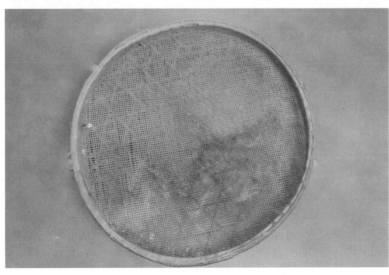

名称：竹筛

说明： 竹编生活用具，常用于手动筛选，比如分离粮食和秸草、砂石等。

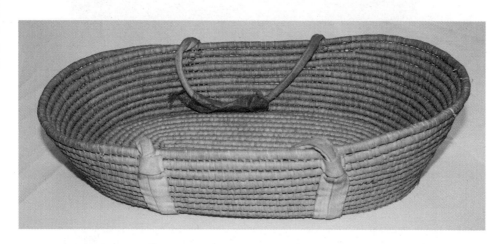

名称：摇篮

说明： 婴儿卧具，用于看护婴儿，可平放也可吊挂。

名称：**点心盒子**

说明：二十世纪八九十年代装点心用。

名称：小型喷雾器

说明： 喷水、喷雾、杀虫打药工具。

名称：笔筒

说明： 高 20 厘米，直径 15 厘米，瓷器，用于盛装毛笔的工具。

名称：方木盘

说明：长 40 厘米，宽 40 厘米，木制，一般在家庭中作托盘使用。

名称：六角木盘

说明：大小尺寸不一，木制，在家庭中作托盘使用。

名称：蒲团

说明：用玉米皮编织的坐垫。

名称：蓑衣

说明：草编制成，披在身上的防雨工具，通常与苇笠(斗笠)配合使用，二十世纪七八十年代之后逐步被雨衣、雨披取代。

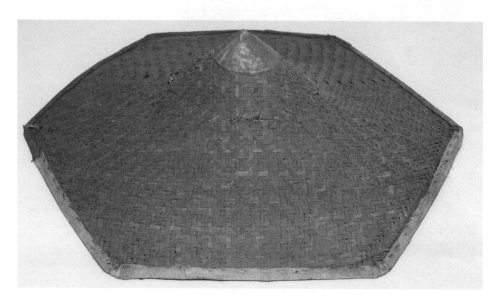

名称：斗笠

说明： 斗笠,用竹篾或者草编制成,用于戴在头上遮阳、防雨,二十世纪七八十年代之后逐步被淘汰。

名称：油纸伞

说明： 二十世纪五六十年代使用的一种防雨工具。长 70 厘米，油纸
制作。

名称：雨布伞

说明：二十世纪七八十年代使用的一种防雨工具，长 70 厘米，雨布制作。

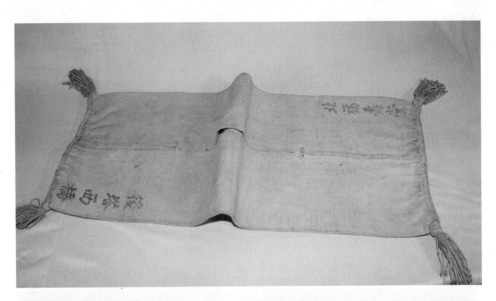

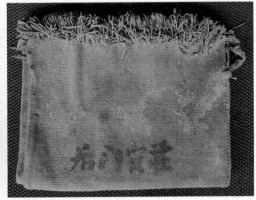

名称：钱褡裢

说明： 新中国成立前后使用的一种装钱工具,长 70 厘米,宽 30 厘米,线织。

名称：**镖箱**

说明： 长度 63 厘米，晚清时走镖用的箱子，镖局用来押运比较贵重的物品。

名称：**地契盒**

说明： 长度 28 厘米，晚清或民国时期用来存放地契等重要文件或者小件贵重物品，有时也用作一家之主的枕头。

名称：钱柜

说明：新中国成立前后使用的一种存钱工具，木制。

名称：钱板子

说明：长 36 厘米左右,木刻,用于清点铜钱等硬币。

名称：**算盘**

说明：手动计算工具，有专门的计算口诀，是我国古代一项重要发明，二十世纪八十年代后逐步被计算器取代，但有些地方仍作为备用工具，发挥着一定的作用。

名称：**袖珍算盘**

说明：长 14 厘米，宽 7 厘米，木制，计算工具。

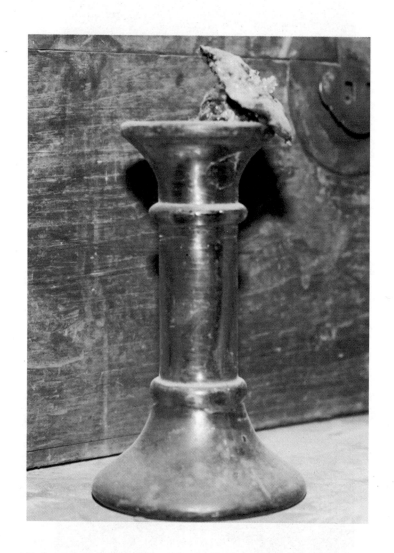

名称：烛台

说明：尺寸大小不一,起源于秦汉时期,用于放置蜡烛。

名称：油灯碗

说明： 铸铁，照明用具。以豆油等动植物油为燃料的传统照明工具。

名称：罩子灯

说明： 以煤油为燃料的照明工具，灯罩为玻璃材质，灯头为铁制，灯头底部有一圈小孔。比普通油灯亮度高、油烟小。

名称：煤油灯

说明： 以煤油为燃料的照明灯具，二十世纪五十年代到七十年代农村家庭普遍使用。

名称：吊式汽灯

说明：高 35 厘米，起源于晚清，用于照明。

名称：汽灯

说明：高 38 厘米，起源于晚清，用于照明。

名称：马灯

说明：二十世纪我国生产的一种照明工具。它以煤油作灯油，再配上一根灯芯，外面罩上玻璃罩子，以防止风将灯吹灭，骑马夜行时可挂在马身上，在二十世纪七十年代用得最为广泛。

名称：嘎斯灯

说明：高 18 厘米，铜、铁等金属材质，以嘎斯石（电石）遇水产生的乙炔气体为燃料，用于照明。

名称：铁丝灯

说明：高 25 厘米，铁丝制品，用于照明。

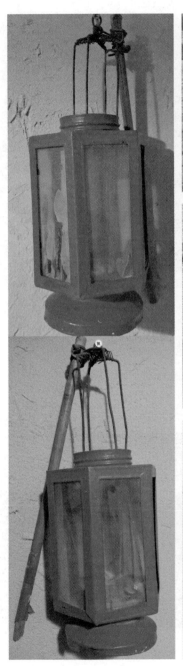

名称：灯罩

说明：高 25 厘米，木、玻璃制品，用于照明防风。

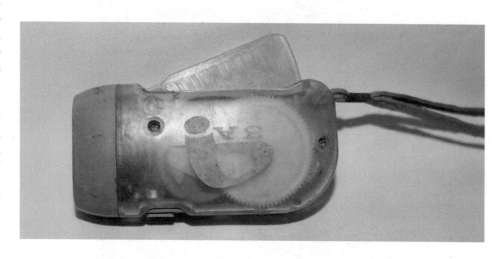

名称：手握发电手电筒

说明：长度10厘米,按压手柄驱动内部发电机发电,同步点亮灯泡。

名称：手电筒

说明：一种手持式照明工具,其主要由灯泡、电池和聚焦反射镜组成,并有供手持用的手把式外壳。

名称：落地扇

说明： 电风扇的一种，由于底座接触地面而得名。落地扇可以调节高低，有摇头、转页两种类型。风速可以分为高、中、低三档。设计新潮，底盘可拆卸。

名称：吊扇

说明： 吊在房顶上低速运转的一种扇风消暑用电器。

名称：拨锤子

说明：牛骨制作，用于打线。

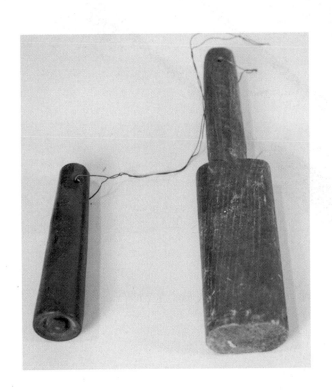

名称：打纸模

说明：木制，用于烧纸打钱印。

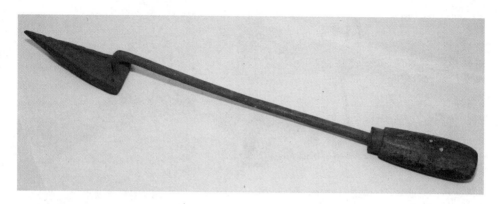

名称：熨斗

说明：也叫火斗,俗称烙铁,加热后平整衣物、布料等。

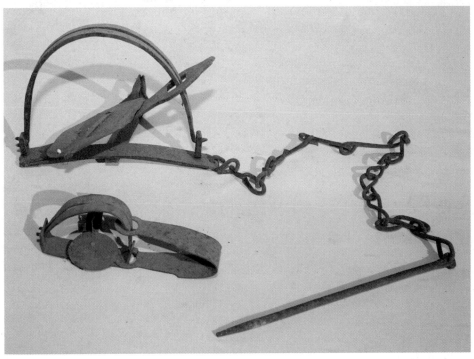

名称：捕鼠夹

说明：铁制，捕鼠用具。

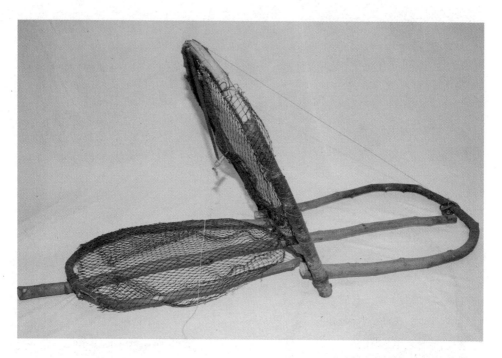

名称：捕鸟网

说明： 总长 85 厘米,木框架加丝网制作,由一动一静两片网组成。使用时将动的一片用细线拉起来,并连到中间触动机关上,机关上放上飞蛾等饵料,鸟吃饵料时触动机关,两片瞬间合拢。

名称：石钱

说明：直径 40 厘米，用于提水器具的配重等。

名称：窗子

说明：杏木制作，当作窗户使用。

名称：烟囱

说明：陶制，高75厘米，竖立在屋顶上用来排烟。

名称：猪食槽

说明： 石头刻制，农村家庭养猪工具。

名称：理发椅子

说明： 高 1 米, 金属材质, 理发店用品。

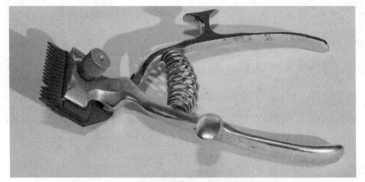

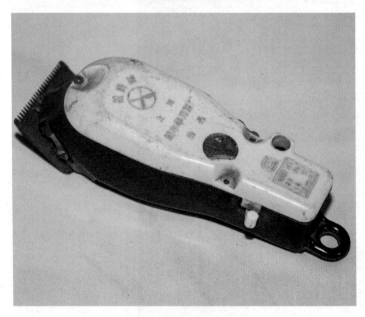

名称：推子

说明： 分手动和电动两种，理发工具。

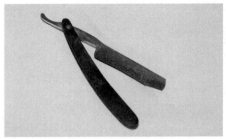
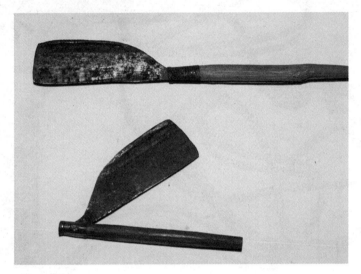

名称：剃头刀

说明：理发工具，二十世纪七十年代后逐步被淘汰。

名称：镗刀布

说明：理发店用品，用于临时磨刀。

名称：吹风机

说明：二十世纪九十年代理发用具。

名称：刮胡刀

说明： 手动安全剃须刀具。

名称：车喇叭

说明：老式自行车用，用于警示车辆和行人注意安全。

名称：摇铃

说明： 高 20 厘米，铜制品，走街串巷时叫卖用的工具。

名称：电铃

说明： 利用电磁动力反复拉动铃锤，敲击发声的响器。学校学生上下课时或企事业单位集合时使用。

第三章 文化消闲

　　文化消闲类,收录了山东地区有代表性的涉及文化娱乐方面的器物、用品,如民族器乐、锣鼓、演出服装道具、棋牌、玩具、小人书等。

名称：鼓

说明： 打击乐器，用鼓槌（鼓杵）敲击出声，在民乐队中的位置比较重要。

名称：铜钹

说明：铜制品，演出时作为演奏用具。

名称：长号

说明：尺寸大小不一，铜制品，演奏用具。

名称：唢呐

说明：长 40 厘米，铜、竹制品，演奏用具。

名称：铜锣

说明： 直径 35 厘米，高度 3 厘米，铜制品，演奏用具。

名称：高跷

说明：木制品，指在广大农村地区流传的脚踩踏木跷，是民间舞蹈表演的一种用具。

名称：玩具琴

说明：宽 40 厘米，二十世纪七八十年代儿童玩具。

名称：手风琴

说明：混合材质，一种键盘乐器。

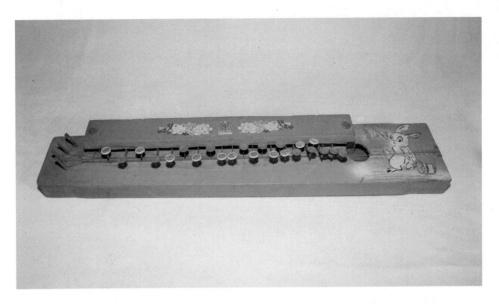

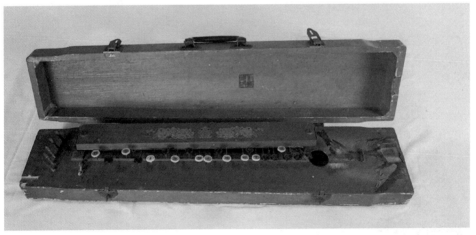

名称：凤凰琴

说明： 也叫木琴，一种近代弹拨乐器，分为四弦、五弦、六弦等。

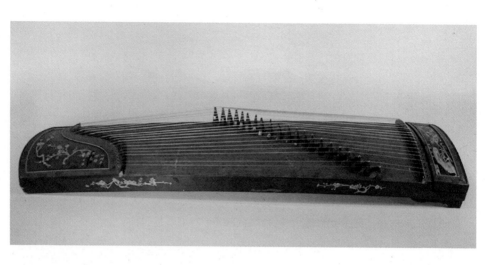

名称：古筝

说明：长 1.3 米，木制品，演奏工具。

名称：石头琴

说明：长 60 厘米，宽 30 厘米，石头制作，演奏工具。

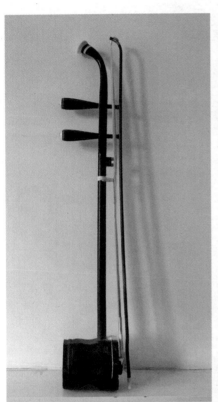
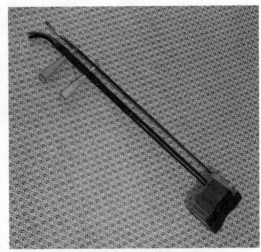

名称：二胡

说明： 高 70 厘米，竹制品，传统演奏乐器。

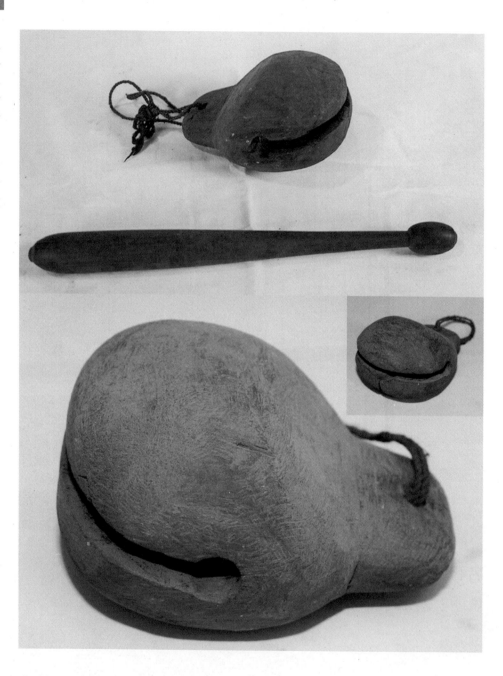

名称：木鱼

说明： 是外形酷似鱼头形状的一种木制品。也用作民间乐器、玩具。

名称： 梆子

说明： 木制，长 22 厘米，打击乐器，也是卖豆腐时的敲打用具。

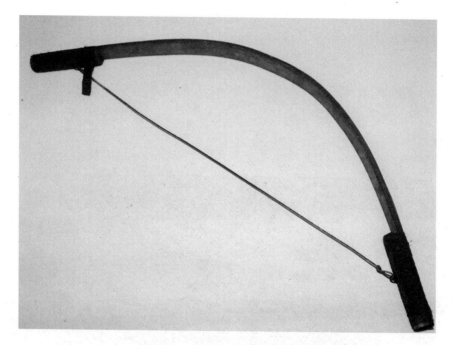

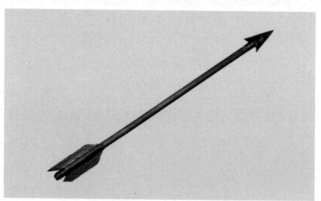

名称：弓箭

说明：弓由弹性的弓臂和有韧性的弓弦构成；箭包括箭头、箭杆，箭杆为竹或木质（现代多为纯碳或铝合金），羽为雕、鹰或鹅的羽毛。曾是军队与猎人使用的重要武器之一。

名称：红缨枪

说明：一种兵器，在枪头加上红缨（红色的线或绳等做的装饰品）。

名称：沙包毽子

说明：毽子的一种，也叫六面毽，由六个装有砂石或粮食的方布包相接而成，是历史悠久的中国民间体育游戏器具，男女老幼皆宜，尤其年轻女子擅长。可单人踢也可两人甚至多人对踢。

名称：泥老虎

说明：用泥制作成的玩具,属民间工艺品。

名称：游戏机

说明：二十世纪九十年代的电子玩具。

名称： 誊写钢版

说明： 配合铁笔蜡纸使用的手工刻版。

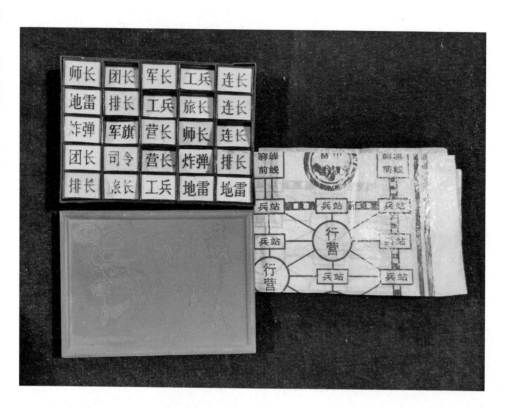

名称：军棋

说明：传统的娱乐休闲游戏用具。

名称：小人书

说明： 又称连环画,是一种传统的通俗读物,题材广泛,内容多样,二十世纪五十年代至八十年代广泛流行,普及了历史、文化、科技等知识,丰富了人民的文化生活。

名称：相框

说明： 一般用木框镶玻璃制成，二十世纪六七十年代后几乎是家庭必备的物件，相框内展示的家庭成员以及亲朋好友的照片，通常是一个家庭人员构成、发展历程以及社会关系等方面的直观体现。

第四章

证件资料

　　证件资料，是一个社会一个地区生产、生活、商贸、娱乐等多方面的直观体现，本章收录了证件、契约、手册、日记簿、记工单、票据、信件、照片以及宣传画等。

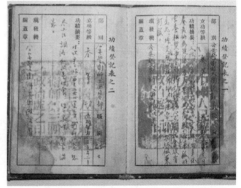

名称：立功证

说明： 军人立功时发放的证件。

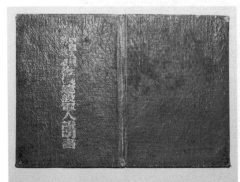

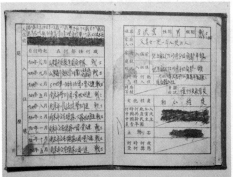
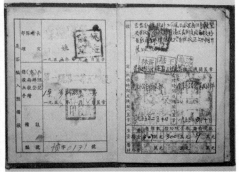

名称：军人复员证

说明：军人退伍复员时发放的证件。

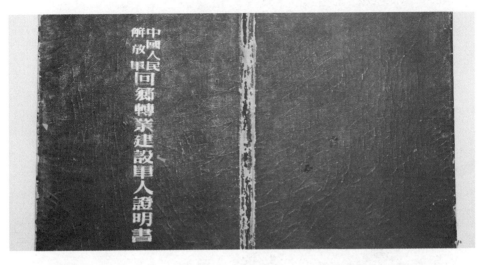

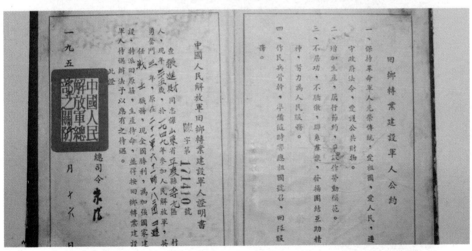

名称： 回乡转业军人证明书

说明： 二十世纪五十年代,发给解放军回乡转业建设军人的证件。

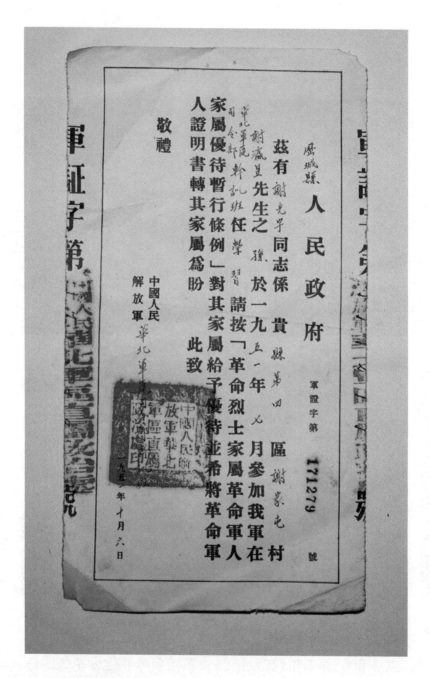

軍證字第 171279 號

威城縣 人民政府

茲有 謝光孚 同志係 貴縣第四區謝家屯村 謝藏旦先生之姪，於一九五一年七月參加我軍在華北軍區司令部幹訓班任學習 請按「革命烈士家屬革命軍人家屬優待暫行條例」對其家屬給予優待並希將革命軍人證明書轉其家屬爲盼 此致

敬禮

中國人民解放軍華北軍區司令部印

一九五一年十月六日

名称：军属优待证

说明： 军人家属享受的优待证明。

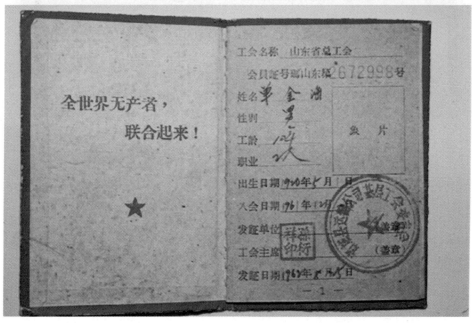

名称：工会会员证

说明：工会会员的证明。

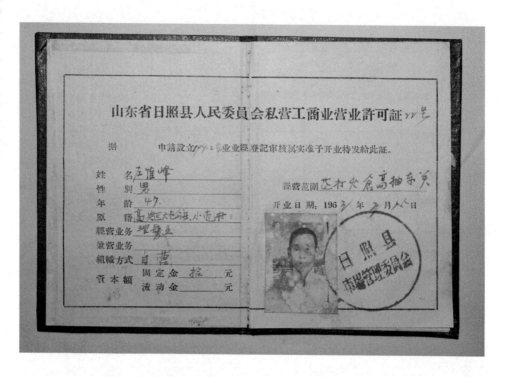

名称：私营工商业营业许可证

说明：个体经营许可的证明。

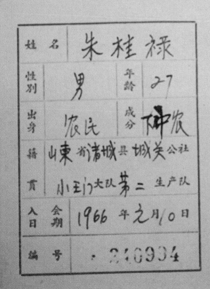

贫农下中农协会会员权利与义务

　　贫农下中农协会的会员，在协会组织内，都有选举权和被选举权；都有权对协会的工作提出意见；都有权对协会的任何领导成员的缺点和错误进行批评；如果因为批评社、队的工作和干部而受到打击报复，都有权要求协会组织给以支持。

　　贫农下中农协会的会员，都要执行贫农下中农协会的决议，积极完成协会分配的工作任务；都要积极参加对地主、富农、反革命分子和坏分子的监督和改造工作，同一切坏人坏事作斗争；都要在维护和巩固集体经济、发展农业生产中起带头作用和模范作用。

山 东 省 诸 城 县
贫农下中农协会
会 员 证

山东省诸城县贫农下中农协会发

姓　名	朱桂禄		
性别	男	年龄	27
出身	农民	成分	中农
籍贯	山东省诸城县城关公社		
	小王门大队第二生产队		
入会日期	1966 年二月10日		
编号	210934		

贫农下中农协会的基本任务

　　（一）积极响应党和毛主席的号召，模范地遵守和执行党和国家的政策和法令，坚持社会主义方向；
　　（二）同资本主义势力和封建势力进行坚决的斗争，防止被推翻的剥削阶级复辟；
　　（三）团结中农，团结农村中一切可以团结的人，共同走社会主义道路；
　　（四）协助和监督农村人民公社的各级组织和干部,办好集体经济；
　　（五）积极发挥生产中的骨干作用，努力发展集体生产；
　　（六）对贫农、下中农和其他农民群众进行阶级教育和社会主义教育，提高他们的政治觉悟。

名称：贫农下中农协会会员证

说明：二十世纪六十年代山东省诸城县贫农下中农协会会员证明。

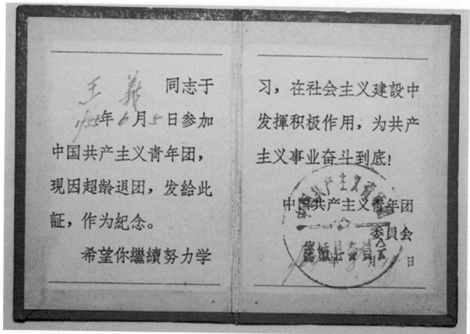

名称：退团证

说明： 团员个人退出团组织的证明。

名称：毕业证

说明：学生毕业时的证明。

名称：婚书

说明：民国时期男女订婚时的证明。

名称：结婚证书

说明：二十世纪四十年代胶东解放区农村使用的结婚证书，贴盖双喜字印花税票。

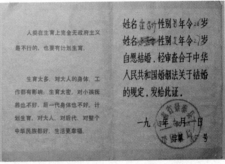

名称：结婚证

说明：二十世纪七八十年代左右结婚时的证明。

名称：过继书

说明： 晚清民国时期，用绢、纸制作，将子女过继给他人抚养时的证明。

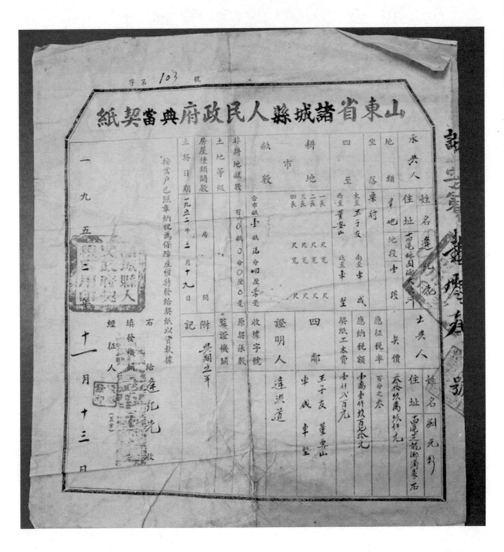

名称：典当契

说明：典当物品时的契约。

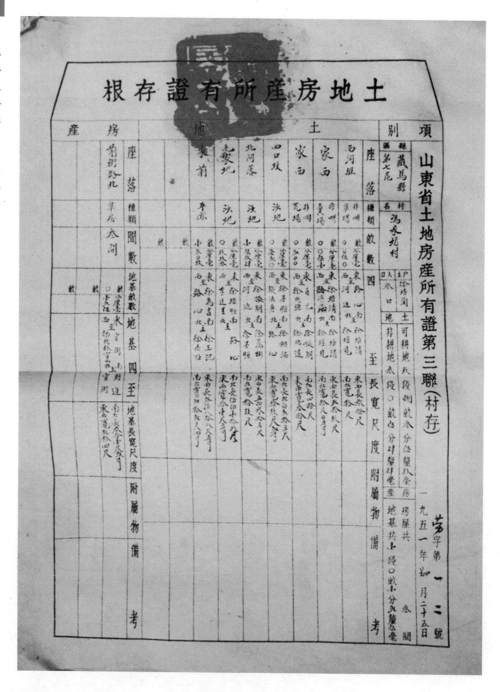

名称：土地房产所有证存根

说明：二十世纪五十年代用于证明土地房产所有权的存根。

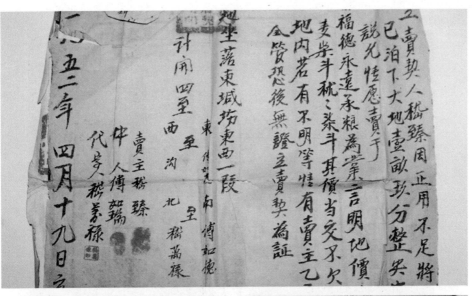

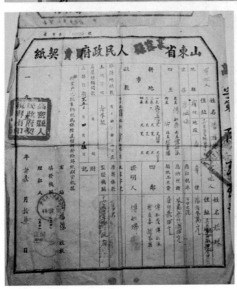

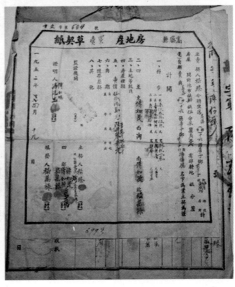

名称： 地契

说明： 二十世纪五十年代房产及地契的证明。

名称：大牲畜纳税证

说明：出售大牲畜时已纳税的证明。

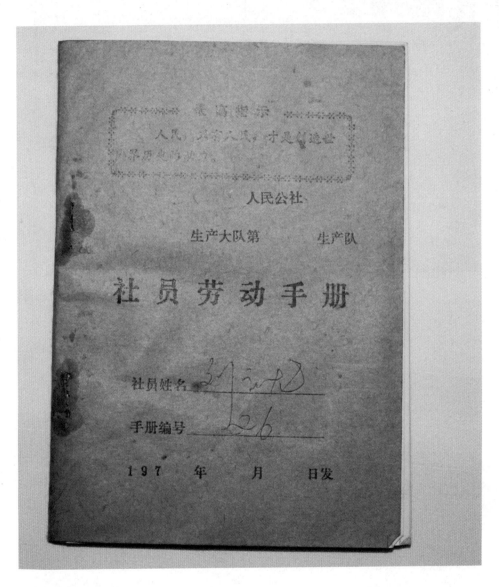

名称：劳动手册

说明：二十世纪七十年代用于记录社员劳动情况的手册。

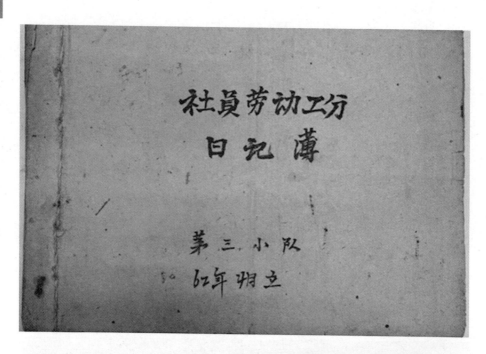

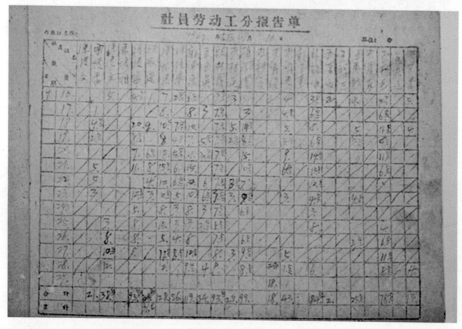

名称：工分日记

说明： 二十世纪六十年代社员劳动挣工分的记录本。

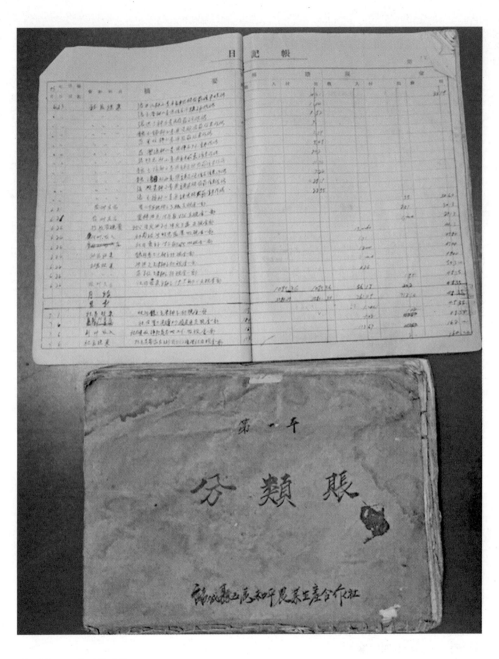

名称：老账簿

说明： 二十世纪六七十年代社员用于记账的账簿。

名称：入社账簿

说明： 二十世纪五十年代农民入社的记录凭证。

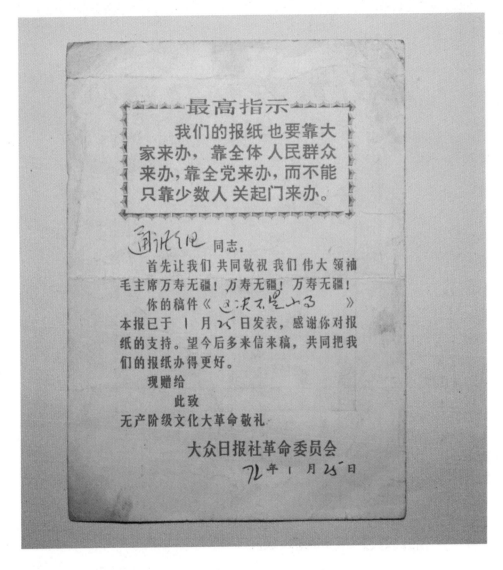

最高指示

我们的报纸 也要靠大家来办，靠全体 人民群众来办，靠全党来办，而不能只靠少数人 关起门来办。

通讯员 同志：

　　首先让我们 共同敬祝 我们 伟大 领袖毛主席万寿无疆！万寿无疆！万寿无疆！

　　你的稿件《这决不是小事　　》本报已于 1 月 25 日发表，感谢你对报纸的支持。望今后多来信来稿，共同把我们的报纸办得更好。

　　现赠给

　　　　此致

无产阶级文化大革命敬礼

　　　　大众日报社革命委员会

　　　　　　72 年 1 月 25 日

名称： 发稿通知

说明： 二十世纪七十年代发表文章的发稿通知。

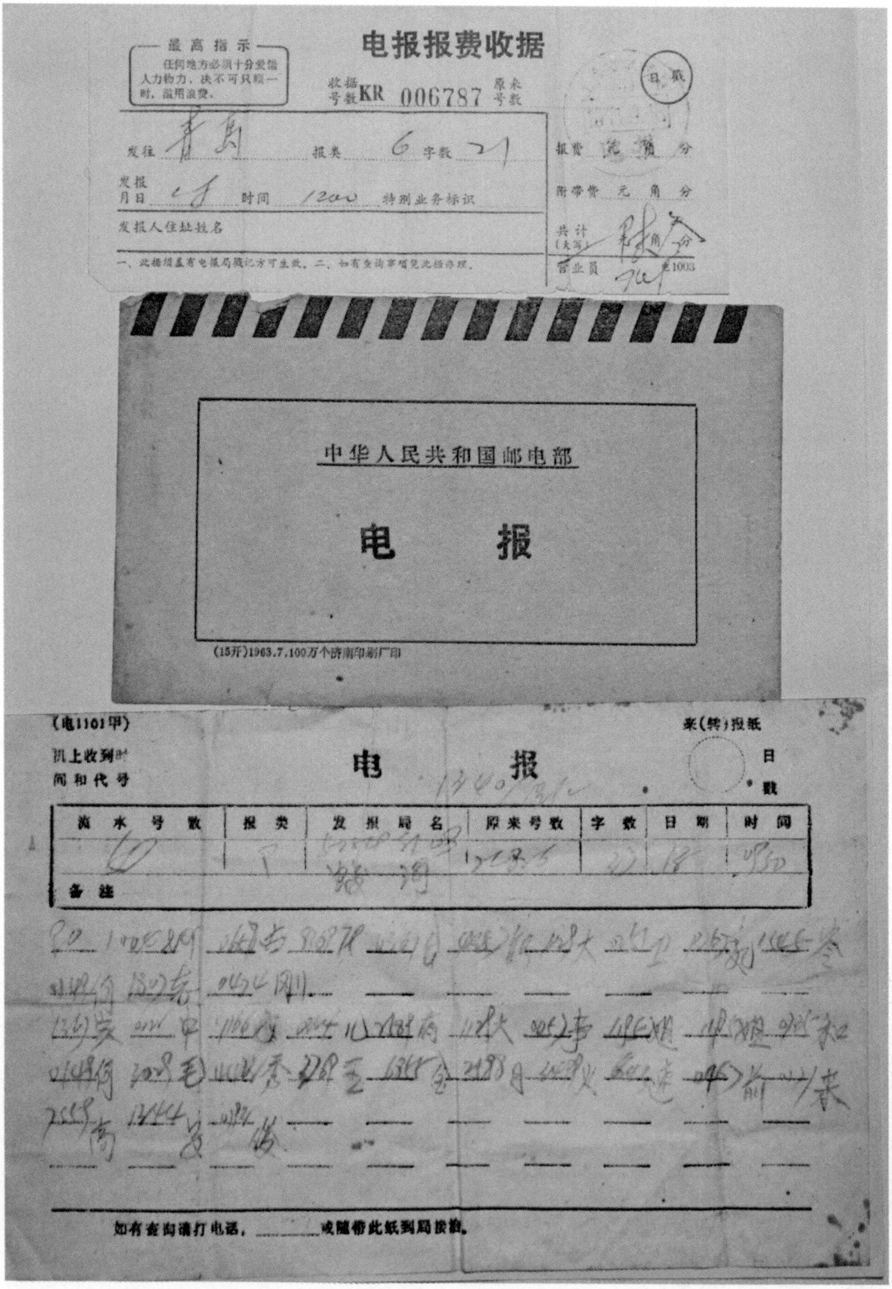

名称：电报

说明： 二十世纪六七十年代用于通信联络的方式之一。发电报是一种比较快捷的远距离通讯方式。

名称： 面食券

说明： 二十世纪八九十年代用于购买面食的凭证。

名称： 粮票

说明： 二十世纪七十年代用于购买粮食的凭证。

名称：布票

说明：二十世纪八十年代用于购买棉布的凭证。

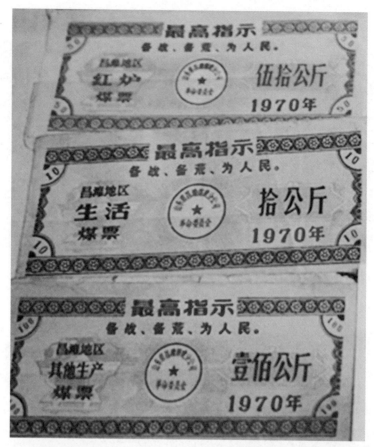

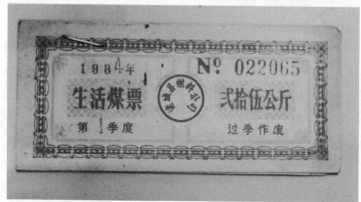

名称：煤票

说明： 二十世纪七八十年代用于购买煤炭的凭证。

名称：糖票

说明：二十世纪七十年代用于购买糖的凭证。

名称：菜票汤票

说明：二十世纪七十年代初，在集体食堂购买菜和汤的专用纸券。

名称：袖章

说明： 二十世纪五六十年代佩戴在袖子上表明身份的标志。

名称：伟人像章

说明： 二十世纪六七十年代佩戴在胸前的毛泽东主席像章。

名称：印章

说明： 是用于文件上表示鉴定或签署的图章，一般印章都会先沾上颜料再印上。

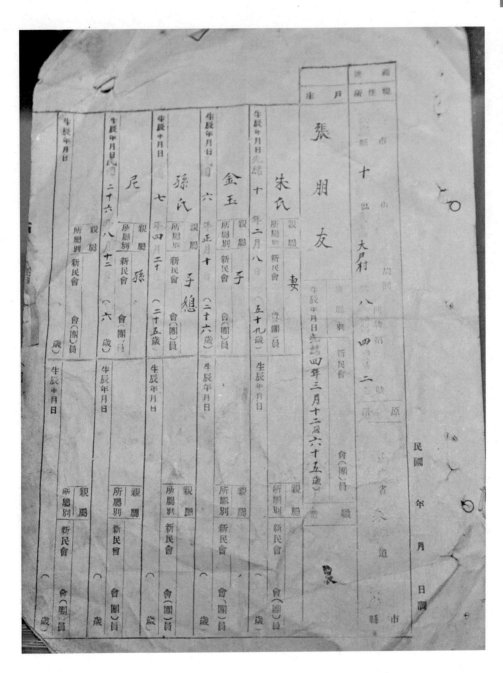

名称：户口资料

说明：民国时期的户口本，用于个人身份的证明。

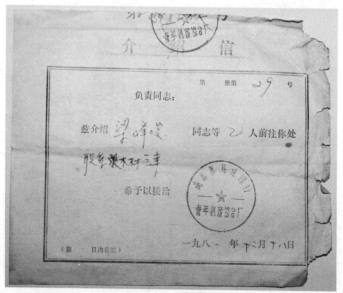

名称：介绍信

说明：二十世纪八十年代单位对外联络的派出证明。

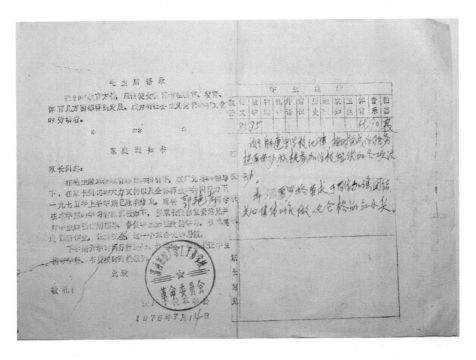

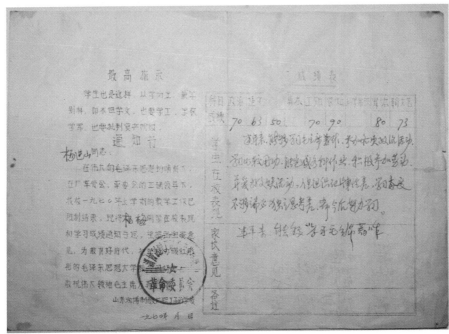

名称：通知书

说明： 以书面告知的形式,送达到被告知人手里的一种证明。

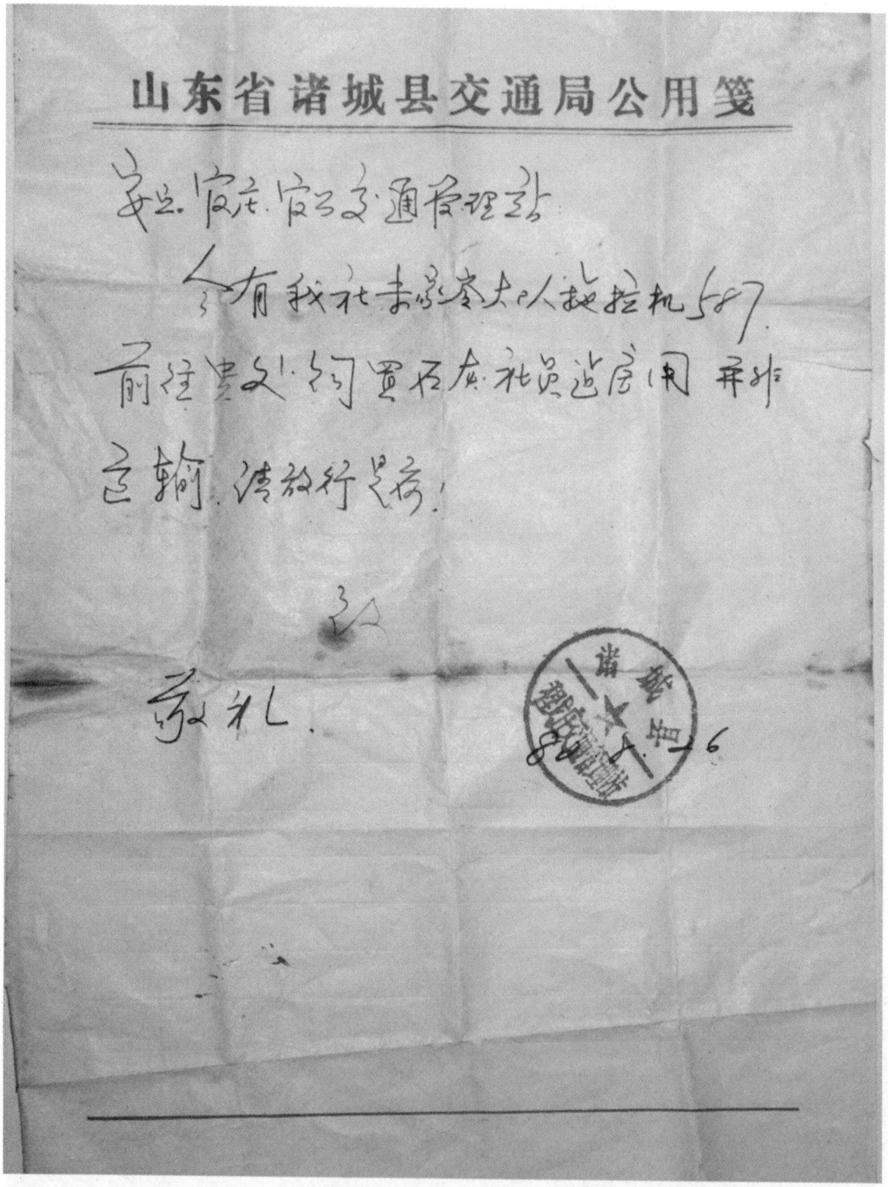

山东省诸城县交通局公用笺

安丘、官庄、官子交通管理站：

今有我社朱家庄大队拖拉机587前往安丘购买石灰,社员造房用,并非运输,请放行是荷!

此致

敬礼

名称：证明信

说明：以书面告知的形式,送达到某单位的一种证明。

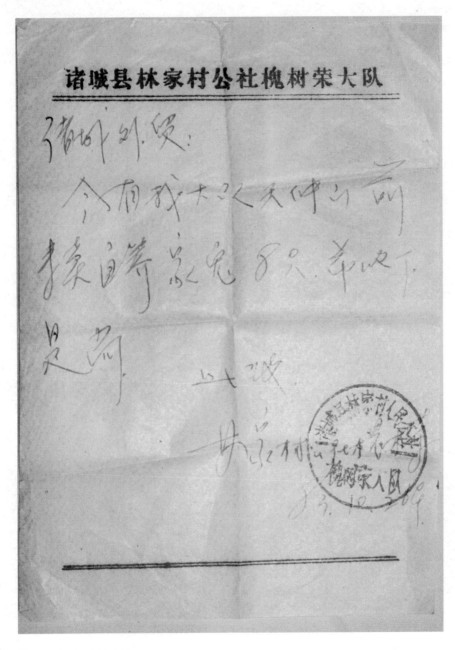

名称：卖兔证明

说明：二十世纪八十年代农民售卖家兔的证明。

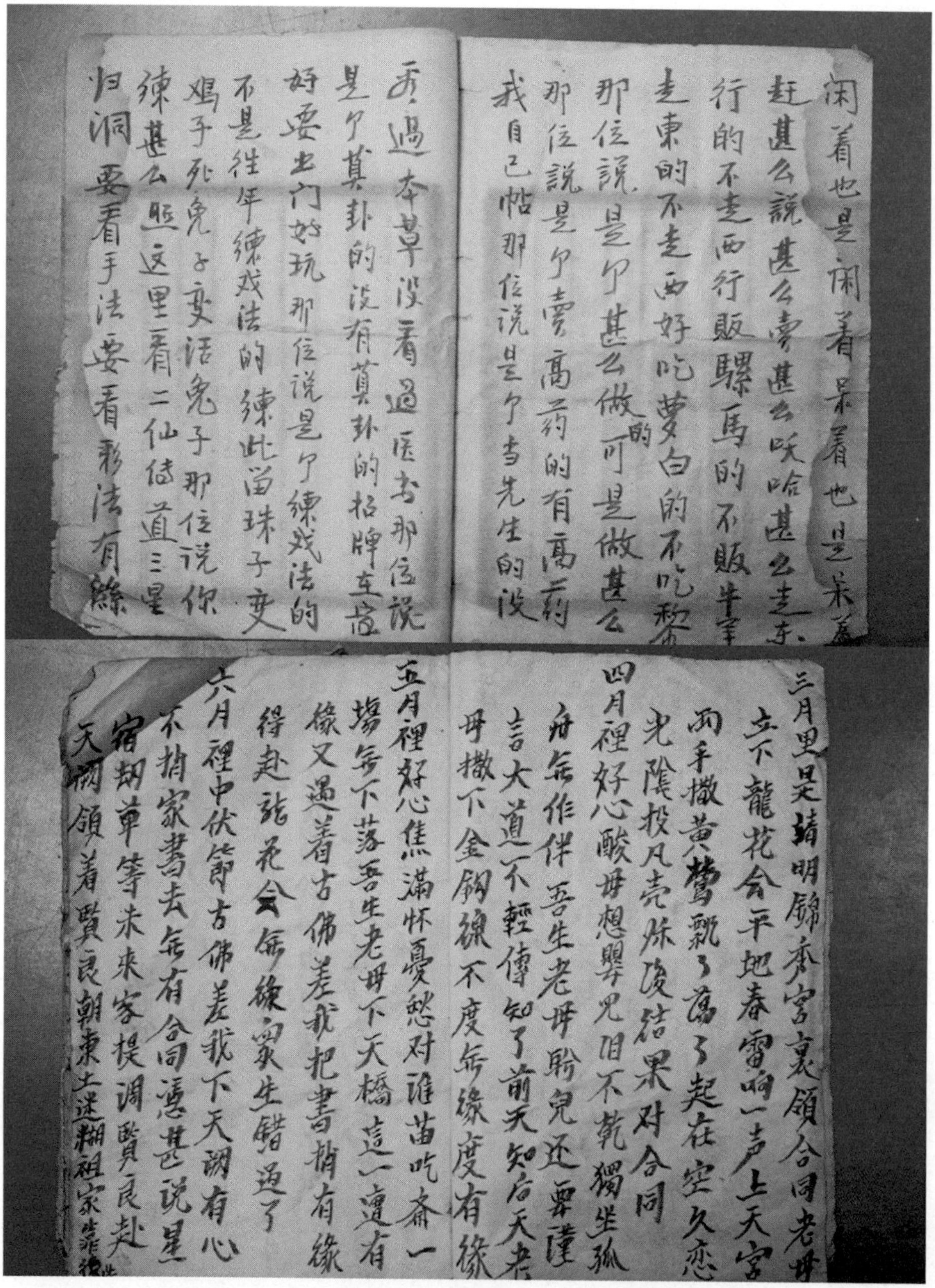

名称：手抄书

说明： 新中国成立前后使用的一种记录形式，一般用于艺人表演时记录唱词。

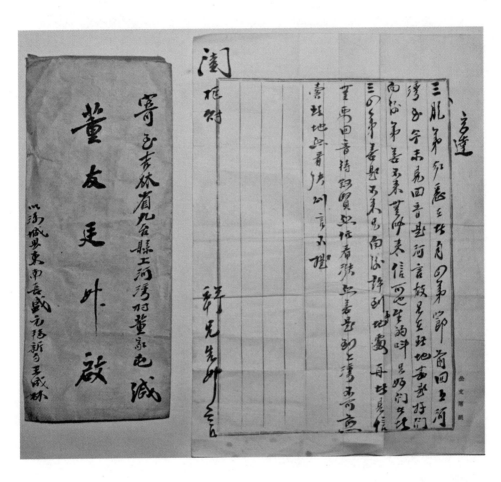

名称：家信

说明：二十世纪五六十年代友人或家人互相联络、往返家中的信件。

名称： 购车资料

说明： 二十世纪七十年代农民购买自行车的发货证明。

名称：奖状喜报

说明：这是各级党委政府和有关部门,对个人和单位在工作、学习、重要活动等方面作出积极贡献、事迹突出者进行的一种褒奖和认可,其门类繁多,设计新颖,印刷精美,影响广泛,具有一定的审美和收藏价值。

英雄黄继光

学习焦裕禄
一心为人民

学习雷锋 全心全意为人民服务

名称：宣传画

说明： 二十世纪六十年代至八十年代的宣传画。宣传画又名招贴画，其特点是形象醒目，主题突出，风格明快，富有感召力。

第五章

电器通信

　　电器通信,中华人民共和国成立以后,随着科技发展进步和农民生活水平提高,农村电器通信工具和器材是不断变化升级的,不断满足人们对物质文化生活的追求。本章收录了留声机、电灯、电话、收音机、收录机、电影放映机、黑白电视机、彩色电视机,等等。

名称：收音机

说明： 二十世纪六七十年代人们使用过的收音设备。收音机就是无线广播的接收机。

名称：留声机

说明： 新中国成立前后时期的一种放唱片的工具。

名称：电唱机

说明： 二十世纪六七十年代的一种收音放唱片的工具。

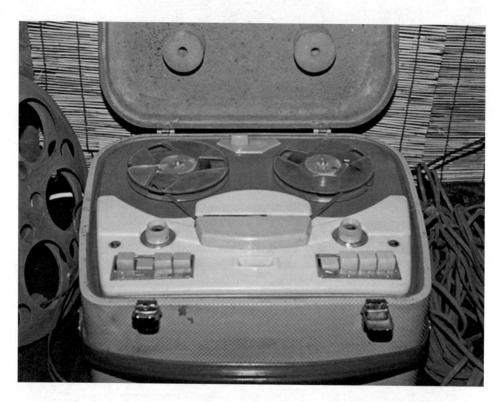

名称：开盘录音机

说明：录放声音的工具。

名称：**收录机**

说明：收音录放
的工具。

名称：双卡收录机

说明：长 60 厘米,宽 30 厘米,高 18 厘米,一种收录设备。

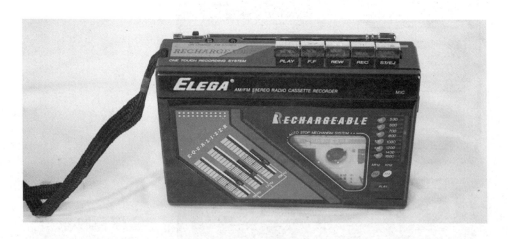

名称：微型收录机

说明：长 20 厘米,宽 18 厘米,高 5 厘米,一种便携式收录设备。

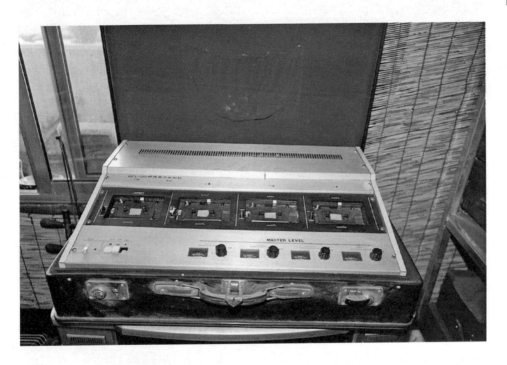

名称：磁带翻录机

说明：长 20 厘米，宽 18 厘米，高 5 厘米，晶体管制作，用于翻录磁带时使用。

名称：放像机

说明：晶体管制作，用于放磁带录像时使用。

名称：倒带机

说明： 长 20 厘米，宽 18 厘米，高 5 厘米，用于倒磁带时使用。

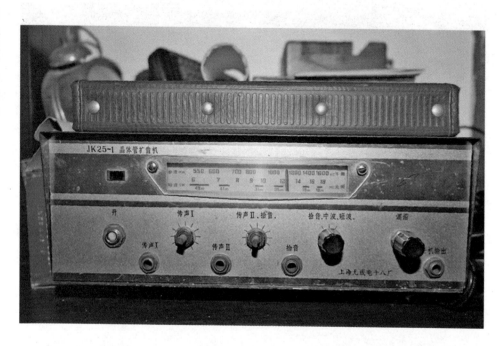

名称：扩音机

说明：长 38 厘米, 宽 35 厘米, 高 20 厘米, 晶体管制作, 用于扩音的设备。

名称：黑白电视机

说明：只能显示黑白两色的电视机,是二十世纪七八十年代重要的广播和视频通信工具。

名称：广播喇叭

说明：木盒内装有一只纸盆扬声器,是二十世纪六十年代到七十年代末农村家家户户普遍使用的收听广播的设备。

名称：舌簧喇叭

说明：长 22 厘米，宽 22 厘米，高 10 厘米，木盒铁壳，用于收听广播的设备。

村村通调频广播接收机

名称： 村村通喇叭

说明： 长 20 厘米, 宽 20 厘米, 高 18 厘米, 铁壳, 用于接收广播的一种设备。

名称：电影喇叭

说明：木壳，电影播放时配送声音的一种设备。

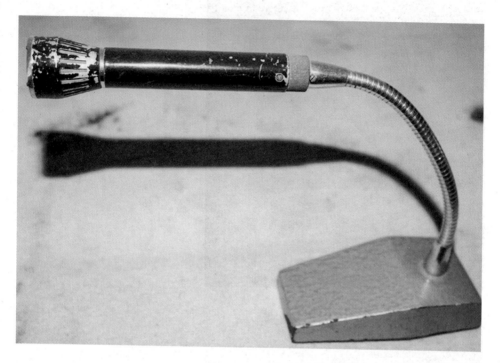

名称：话筒

说明：又叫麦克风,传声器。

名称：**拨码电话机**

说明：塑料壳底座，带旋转号码，用于拨打电话的工具。

名称：IC 卡电话机

说明：塑料壳，使用 IC 卡开通并拨打电话的语音通信设备。

名称：电话机

说明：二十世纪五十年代到八十年代的手摇电话机。

名称：大哥大

说明：第一代民用手持电话,二十世纪九十年代后期被数字移动电话取代。

名称：传呼机

说明： 无线寻呼接收机，能收到数字信号或汉字信号，二十世纪八十年代末开始出现，2000 年左右逐渐淡出市场。

名称：放映机

说明： 主要用于露天电影放映，二十世纪六七十年代盛行，由当时的公社放映队巡回放映。看电影是农村地区当时主要的文化活动。

名称：16 毫米电影拷贝

说明： 16 毫米电影放映设备,在我国农村电影放映中发挥了重要作用。2010 年我国基本完成 16 毫米拷贝向数字放映的过渡。

名称：35 毫米放映机

说明： 16 毫米电影放映机的升级换代产品。

名称：电影胶片

说明： 制作影片用的感光材料。如今,数字电影已取代胶片电影。

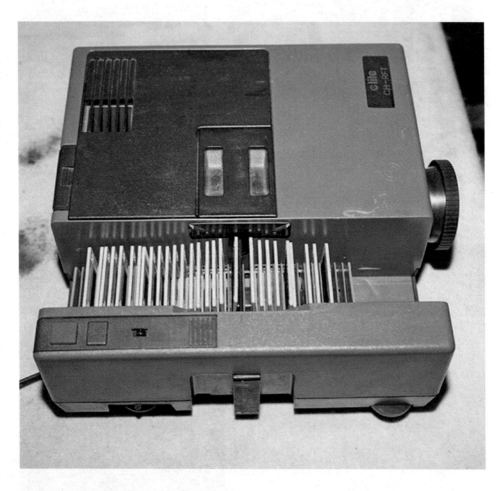

名称：幻灯机

说明：长30厘米，宽30厘米，高15厘米，塑料壳，用于幻灯片放映。

名称：发电机

说明：电影放映时的发电设备。

名称：照相机

说明： 二十世纪六七十年代的照相设备。

名称：落地照相机

说明：高 2 米，木壳钢架，摄影时放在地上使用的照相设备。

名称：摄影灯

说明：高 2 米，摄影时的补光设备。

名称：裁纸刀

说明：长 20 厘米，宽 15 厘米，铁制，用于裁花边照片的设备。

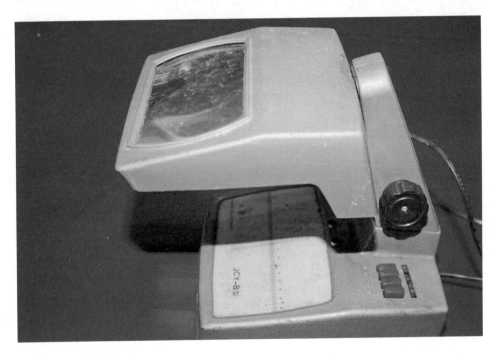

名称：验钞机

说明：通过荧光、尺寸等验证纸币真伪的设备。

名称：中文打字机

说明： 长 60 厘米，宽 50 厘米，高 30 厘米，铁制，用于打字的设备。

名称：闹钟

说明： 带有闹时装置的钟表，可以人工设定响铃时间。

名称：手表

说明： 佩戴在手腕上，用以计时、显示时间的仪器。

名称：钟表

说明： 近代计时工具，手动发条驱动，定时响铃。

后 记

农村老物件是过去岁月的亲历者和见证者，在不同历史时期，发挥了不可或缺的作用。由于时代变迁，这些农村老物件逐渐淡出人们的视野，甚至渐行渐远，丧失了当初的使用功能。然而，老物件毕竟陪伴几代人走过不平凡的岁月，每一个老物件的背后往往都有一个传奇的故事，寄托着几代人的乡愁，因而老物件又在新时代获得了新生。编写本书的目的，在于留住过往的时光，通过图文结合，讲述一个个不一样的故事，传承农耕文明，致敬前辈，留住乡村记忆，守望精神家园。

本书主要搜集山东农村的老物件，包括生产工具、生活用具、文化消费物品、票据证明、电器通信等实物图片，比较集中地反映了几十年前甚至更遥远年代农村居民的生产生活全貌和社会经济发展状况，展现了人们生产中的智慧、生活中的乐趣。这些老物件虽然已经淡出了人们的视野，却依然像一面镜子见证着时代的变迁，也见证着改革开放以来山东农村日新月异的发展；见证着人们衣食住行发生的新变化，也见证着人们曾经的喜悦与憧憬。让广大读者，特别是青少年读者在阅读回味的同时，不忘来路，记住乡愁，树立正确的世界观、人生观、价值观，更加热爱家乡，热爱祖国，热爱人民，为创造美好生活而努力学习和奋斗。

　　本书编写过程中，编者怀着对我国源远流长的农耕文化的敬仰，怀着对前辈勤劳智慧的崇敬，怀着对农村广袤土地的眷恋，广泛涉猎和收集拍摄各种农村老物件资料照片，得到各方面大力协助和支持，尤其得到了潍坊市中华文化促进会，诸城市竹山生态农业专业合作社，诸城市尚德民俗博物馆，潍坊市奎文区北王村史馆，以及张勇、王宗义、刘利民、崔衍亮、张华、孙桂华、王亦成、郭景山、王兴华、王启仁、刘朴等诸先生的鼎力相助，有力地丰富和完善了本书内容，加速了成书进程，在此，谨特别予以鸣谢！

　　农村老物件不但丰富多彩，而且不同地域也各有千秋，收入本书的老物件仅是部分代表，虽经编者努力，恐还会有遗憾和不足之处，恳请读者朋友批评指正。

编　者